自分で作る
生化学ワークノート

Biochemistry Work Notes

医学博士
中元伊知郎

MC メディカ出版

はじめに

　アーサー・ヘイリーの小説『ストロング・メディシン』のなかで，ハーバード大学医学部の学生が生化学の授業にうんざりしているシーンが出てきます．どこの国の学校でも生化学の授業は退屈で，学生の評判はよくないようです．

　しかし，この本を手に取ってみた方は，従来の生化学のテキストとは違うことに気付かれると思います．

　この本は，私が専門学校で生化学を教えている経験を活かし，学生がこのあたりが難しいと感じる点や，混同しやすいと思う点に配慮して，教壇から問いかけるような姿勢でクイズ形式を取り入れてつくりました．

　例外もありますが，基本的には左のページに解説を，右のページに図表を配置してあります．解説欄の問いかけに対して，書き込みをしながら学ぶことで，生化学をこれから学ぶ人や，もう一度勉強したい人も，問題意識をもって学ぶことができると思います．看護学生だけでなく，医療系専門学校の学生方にも生化学の学習用サブノートとして活用してもらえるユニークな内容の本だと自負しています．

　この本が読者のお役に立てばこの上ない喜びです．

　このような今までにない形式の本をつくるにあたって，ご尽力いただいたメディカ出版の井上敬康氏に感謝します．

　最後に，障害者である私を励まし育ててくれた父母にこの本を捧げます．

2001年12月

中元伊知郎

自分で作る生化学ワークノート

もくじ

はじめに——i
本書の使い方——iv

I　細胞と構成物質　1

1　細胞　2
細胞の構造と機能　2

2　糖質　10
糖質の概要　10

3　アミノ酸とタンパク質　20
アミノ酸の概要　20
ペプチド結合　23
タンパク質の概要　24
タンパク質の構造　26
タンパク質の構造の名称　26
タンパク質の性質　27

4　酵素　28
酵素の基礎　28
酵素の臨床的意義　30
酵素の名称について　32
逸脱酵素の臨床検査への応用例　32
その他，酵素に関すること　32

5　脂質　34
脂質の概要　34

脂質の基礎　36
トリアシルグリセロール　38
糖脂質　38
リン脂質　40
ステロイド化合物　41
リポタンパク質　42

6　ビタミン　44
ビタミンの概要　44
脂溶性ビタミン　45
水溶性ビタミン　48

II　物質代謝とエネルギー代謝　51

1　糖の消化・吸収と代謝　52
糖質の消化と吸収　52
グルコース代謝　54
血糖の調節　61
糖新生　62
グリコーゲンの合成と分解　62
糖尿病　64

2　タンパク質の消化・吸収と代謝　66
タンパク質の消化と吸収　66
アミノ酸の分解　69
アンモニアの代謝　72
アミノ酸の利用と代謝　73
核酸塩基の合成　75

ポルフィリンの生成　75
カテコールアミンの生成　76
脱炭酸反応　78
クレアチンとクレアチニン　78

3　脂質の消化・吸収と代謝　80

脂質の消化　80
脂質の吸収　83
脂肪酸の代謝　85
β酸化　85
β酸化のまとめ　86
β酸化とケトン体　86
コレステロール　88
血中リポタンパク質の特徴　91
アラキドン酸の代謝　94

4　水と電解質の代謝　96

水の代謝　96
電解質　98
無機元素　99

III　ホメオスタシス　103

1　ホルモン　104

ホルモンの概要　104
下垂体ホルモン　106
甲状腺ホルモン　108
上皮小体（副甲状腺）ホルモン　110

副腎皮質ホルモン　110
副腎髄質ホルモン　113
膵臓ホルモン　114
消化管ホルモン　115
性ホルモン　116
補足　118

IV　臓器の機能と生化学　121

1　腎臓の機能と疾患　122

腎臓の構造　122
尿の生成　124
尿の成分　127
腎臓の機能検査と血液透析　128

2　肝臓の機能と疾患　130

肝臓の概要　130
黄疸　132

解　答――135
索　引――141

本書の使い方

特 色

　普段の授業などで使っている参考書は，情報がいっぱい詰まっていて，そのためせっかく参考書を買っても，どこが重要なのか，どこを覚えればいいのか迷ってしまいます．

　しかし，この本は生化学で必要な情報だけにしぼって，大事なところだけを空欄にしています．その空欄に何が入るか考えながら，みなさんが自分で空欄に解答を書き込んで完成させる本です．

　時間を無駄にせず効率よく学習できるように，生化学の授業のなかで，ポイントとなる項目を取り上げ，文章はできるだけ簡略化し，覚えやすいように表形式にまとめています．

　また基本的に，左ページに解説，右ページに図表をまとめています．学校で学習したことを忘れていないか，空欄に書き込みながら，確認してみてください．

使い方

　まずページ全体に目を通して，空欄部分に何を書き込むか考えましょう．前後の文章または囲みで書かれている部分や，授業で習ったことを思い出すと，きっと空欄に何を書き込むかが分かるはずです．書き込んだあとは巻末（P.135）の解答で確認しましょう（書き込みに市販の暗記ペンを使い，暗記シートで確認するのもいいですね）．

　分からなかったときや，間違っていたときなどは決してそのままにせず，必ず正しい語句を書き込んでおきましょう．空欄をすべて埋められれば，きっとこの本は，あなただけの参考書となるでしょう．

　試験前などの時間のないときや，忙しいときなどは，自分で作ったこの参考書の書き込み部分や，色文字部分を確認しましょう．

　きっと，あなたのお役に立つはずです．

Ⅰ 細胞と構成物質

1 細胞

● 細胞の構造と機能

細胞の概観と機能

生物の基本単位は細胞である．細胞内にはさまざまな構造体があり，細胞小器官と総称する．すべての構造体が通常の顕微鏡（光学顕微鏡）でみえるわけではなく，電子顕微鏡ができて発見された構造物もある．図1をみて対応する各部位の名称・機能を覚えよう．

図の位置	部位	おもな機能
a	核	細胞の司令塔に相当．おもに（❶　　　　）から成る
b	核小体	核のなかにある小器官．おもに（❷　　　　）から成る
c	核膜	核を取り囲む膜で，2重になっている 核膜孔という穴があいており，細胞質と通じている
d	粗面小胞体	小胞体は細胞質内に網目状に広がる袋状の膜である 小胞体の表面に（❸　　　　）顆粒が結合しているものを粗面小胞体という
e	ゴルジ体	合成されたタンパク質などを濃縮し膜で包んで細胞膜へ送る
f	分泌顆粒	ゴルジ体で合成されたタンパク質などが詰め込まれ，細胞膜に運ばれる
g	中心小体	（❹　　　　）の制御をする
h	滑面小胞体	小胞体にリボソームが結合していないもの
i	リソソーム	細胞の清掃工場に相当し，さまざまな（❺　　　　）酵素を含んでいる
j	ミトコンドリア	（❻　　　　）代謝に関与する
k	細胞膜	（❼　　　　）ともいわれる．細胞の最も外側の膜で，脂質2重層という特徴のある構造をもつ

> リボソームとリソソームを混同しないこと，違うものである

図1 細胞

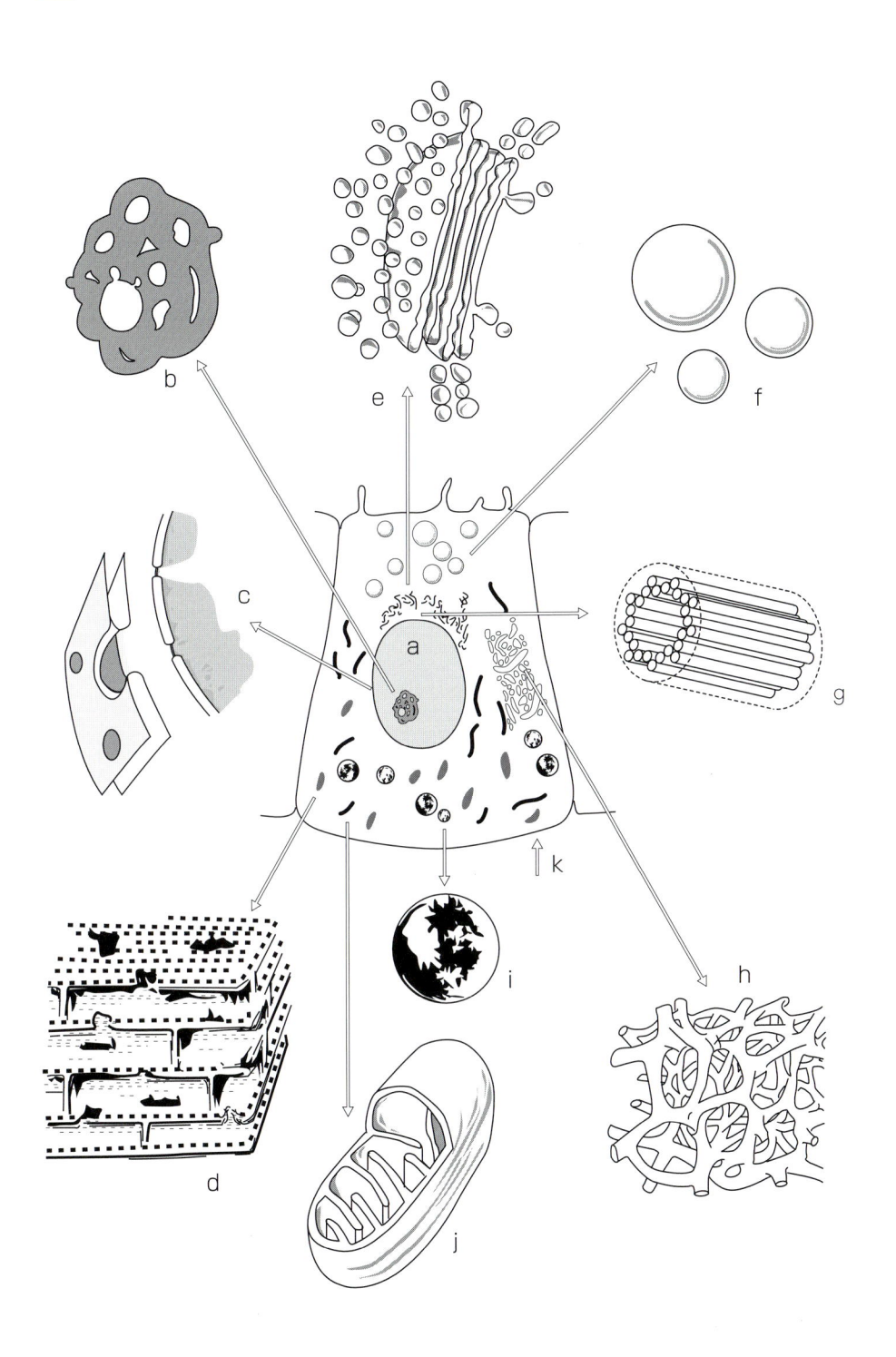

核

核とは？	細胞全体を統御し，さまざまな生命現象に関与する 通常は1つの細胞に1個の核がある
核のなかには何がある？ （図2, 3, 4参照）	遺伝物質であるDNAとヒストンという塩基性タンパク質が存在している DNAは図2のように折りたたまれた状態で存在する 人の核内のDNAを継ぎ合わせると約2mになる DNAは，ヒストンの周りに巻きつき，何度も折りたたまれてクロマチンといわれる繊維状構造として核内にある 通常は核のなかにさらに核小体がみられる
核と染色体との関連は？	染色体はいつもみられるものではなく，細胞分裂前にDNAが2倍に増加してからみられるようになる ヒトでは細胞分裂の際に染色体を形成する有糸分裂がほとんどである
細胞分裂をするとどうなるか？	細胞は細胞分裂によって増加し，細胞の数を調節する もとの細胞のDNAが倍増して，分裂した2個の細胞にそのまま伝えられる．これをDNAの複製という
核酸とは？	大きく分けてDNA（（⑧　　　　　　　　）） とRNA（（⑨　　　　　　　））の2種類がある DNAには，遺伝子として種々の酵素やタンパク質の設計図が書き込まれている 細胞分裂以外のときは，DNAをもとにRNAが合成される．これを（⑩　　　　）という RNAには次の3種類がある 　①rRNA（リボソームRNA） 　②mRNA（伝令RNA） 　③tRNA（転移RNA）

核膜と核小体

核膜とは？	核と細胞質を隔てる2重の膜で，細胞質の小胞体に続いている 核膜には核膜孔といわれる穴が多数あいている（図1のc参照）
核小体とは？	核内にある円形の小器官（図1のb参照） RNAから成り，rRNAとtRNAの合成の場所である 生物学では仁と呼ばれることもある

I　細胞と構成物質

図2 染色体とDNA

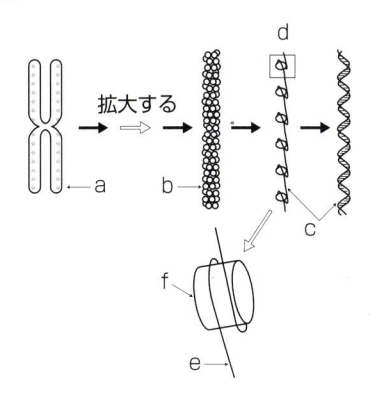

染色体を拡大していくと，左図のようにクロマチンと呼ばれる構造になる．クロマチンは，DNAがヒストンに巻きついたヌクレオソームという構造が繰り返されている．

a	染色体
b	クロマチン
c	DNA
d	ヌクレオソーム
e	DNA
f	ヒストン

図3 2本鎖DNAのらせん構造

DNAの2重らせんの階段の間隔は次のようになる．

| a | はしご1段の間隔 | 0.34nm |
| b | 1回のらせんの間隔 | 3.4nm |

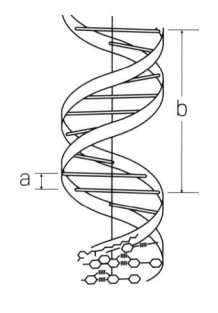

図4 さらにDNAを拡大した図

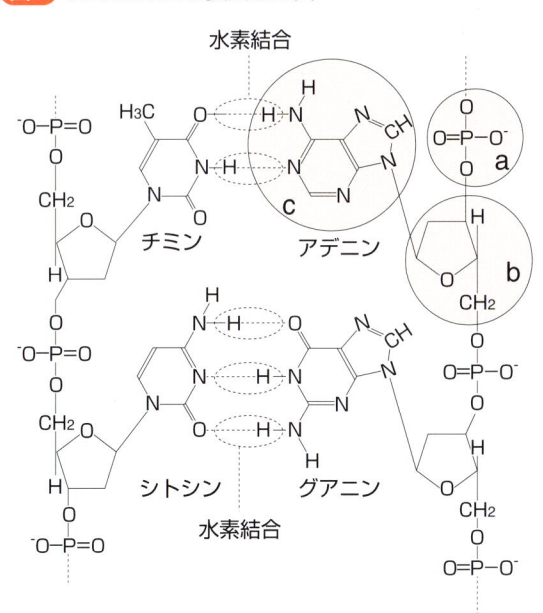

a	リン酸
b	糖（正確にはDNAではデオキシリボース）
c	塩基

DNAというらせん階段は，次の要素で構成されている．

階段の縦の部分はリン酸と糖の繰り返しによりできている．階段の横の部分は塩基が向かい合って(❶)結合をすることで結びついてできている．これを(❷)結合という．図4のようにアデニンとチミンは水素結合が2本，シトシンとグアニンは水素結合が3本ある．

核酸について

核酸の種類はいくつか？	DNAとRNAの2種類がある
DNAとRNAはどのような違いがあるか？	表1，2参照

ミトコンドリア

ミトコンドリアの役割は？	細胞内のエネルギー生産工場といえる (❸)回路，呼吸鎖，脂肪酸酸化系（β酸化）などに関与している
ミトコンドリアの形や大きさは？	細胞の種類・代謝と関係があり，きわめて多彩である 通常のものは直径0.2～1.0μm，長さが3～10μmのゼリービーンズ状である 図5のような構造は，電子顕微鏡で観察できるが，光学顕微鏡ではみえない
ミトコンドリアの構造は？ （図5参照）	外膜と内膜という2つの膜からできている 内膜は多くのひだをつくっており，これを(❹)という 呼吸・代謝に必要な酵素などは，これら内膜，外膜，マトリクスに存在する
すべての細胞がミトコンドリアをもっているか？	違う 赤血球は骨髄のなかではミトコンドリアをもつが，骨髄から出る際に失う したがって末梢血の(❺)はミトコンドリアをもたない

表1 DNAとRNAの構成物質の比較

		DNA	塩基の略号	RNA	塩基の略号
塩基	プリン塩基	(⑯)	A	(⑰)	A
		(⑱)	G	(⑲)	G
	ピリミジン塩基	(⑳)	T	(㉑)	U
		(㉒)	C	(㉓)	C
糖（五炭糖）		(㉔)		(㉕)	
リン酸		(㉖)		(㉗)	

表2 塩基の化学構造

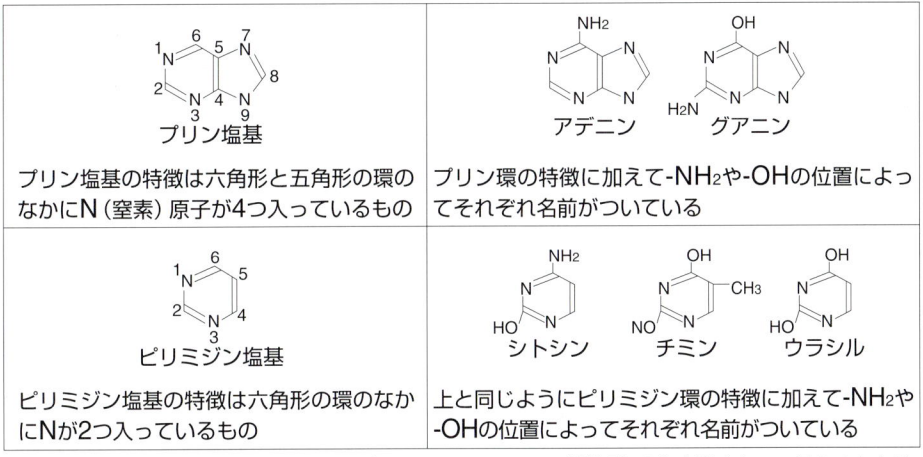

プリン塩基	アデニン　グアニン
プリン塩基の特徴は六角形と五角形の環のなかにN（窒素）原子が4つ入っているもの	プリン環の特徴に加えて-NH₂や-OHの位置によってそれぞれ名前がついている
ピリミジン塩基	シトシン　チミン　ウラシル
ピリミジン塩基の特徴は六角形の環のなかにNが2つ入っているもの	上と同じようにピリミジン環の特徴に加えて-NH₂や-OHの位置によってそれぞれ名前がついている

塩基とはアルカリ性を示す物質のこと．本によっては，-OHの部分が=Oと表記されているものもある．

図5 ミトコンドリアの構造

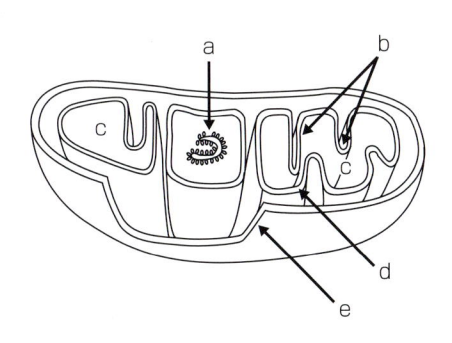

a	ミトコンドリアDNA
b	クリステ
c	マトリクス
d	内膜
e	外膜

細胞膜

細胞膜の構造はどうなっているか？（図6参照）	基本的に（㉘　　　　　）から成る2重構造をしている（脂質2重層という） 所々に膜タンパク質が埋め込まれている 細胞膜は脂質が主成分であるため，流動モザイクモデルといわれる柔軟性に富む構造になっている	
細胞膜の機能は？	細胞膜そのものは脂質に富むので，脂溶性の物質は膜を通過しやすいが，水溶性の物質は通過しにくい 物質の出入りを調節する細胞膜に埋め込まれた膜タンパク質をチャンネルやポンプという	
物質の細胞膜透過の仕方にはどのようなものがあるか？	受動輸送	細胞の内外の濃度差に従って，濃度の高いほうから低いほうへ移動する
	能動輸送	細胞内外の濃度差に逆らって，濃度の低いほうから高いほうへ物質を移動させる 濃度勾配に逆らうのでATPなどのエネルギーが必要である

図6 細胞膜の構造

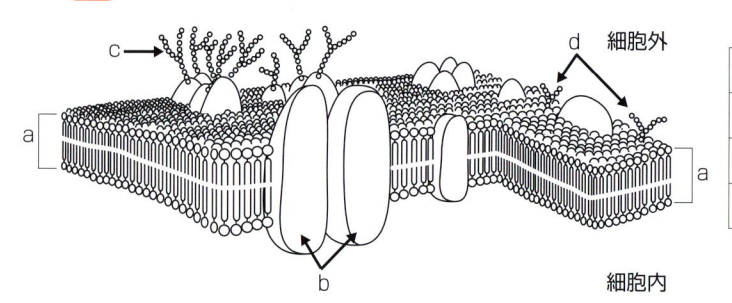

a	脂質2重層
b	膜タンパク質
c	糖鎖
d	糖脂質糖鎖

細胞質

細胞質に含まれるものは？	細胞骨格や水溶性タンパク質・水溶性酵素が含まれる 特に重要なのは，嫌気的呼吸を行う（㉙　　　　　）酵素群と脂肪酸合成酵素群である
細胞の形はどのような仕組みで保たれているのだろうか？	細胞の形を保つ仕組みがあるため，形は保たれる この仕組みのない細胞は特定の形をもたない 細胞質には，細胞の運動や形を保つ（㉚　　　　　）といわれる線維が張り巡らされており，これは電子顕微鏡で確認されている

I　細胞と構成物質

ゴルジ体

ゴルジ体とは？	小胞体や核とつながっており，小胞体や核で合成されたタンパク質の濃縮・貯蔵・分泌を行う
ゴルジ体をもつ細胞は？	(㉛　　　　　) 以外のすべての細胞に存在する
細胞内でのゴルジ体の位置の特色は？	核の近くにあり，この場所をゴルジ野ともいう

リソソーム（ライソソーム）

リソソームとは？（図7参照）	酵素を含み，貪食や自己融解に関与する
含まれる酵素にはどのようなものがあるか？	おもに加水分解酵素と呼ばれる次の酵素を含む ①酸性フォスファターゼ ②デオキシリボヌクレアーゼ ③リボヌクレアーゼ ④グルクロニダーゼなど

図7 リソソームの機能

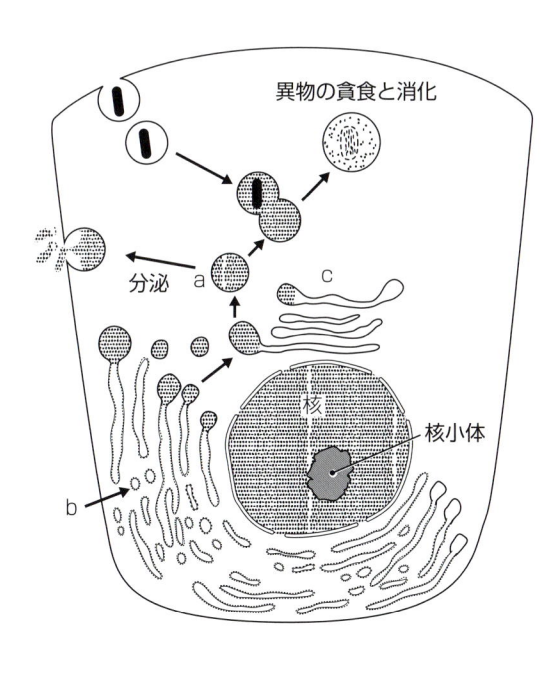

a	リソソーム
b	粗面小胞体
c	ゴルジ体

リソソームは粗面小胞体で合成されて直接またはゴルジ体を経由して分泌される．
細胞外から取り込んだ異物の消化にも利用される．

2 糖質

糖質の概要

糖質の化学的な特色はどのようなものがあるか？	おもに炭素・水素・酸素から成る (①　　　　)と呼ばれることもある $C_m(H_2O)_n$と書けるものが多く，式にH_2Oが入っているので，かつては含水炭素とも呼ばれた アルコール基を1個以上，カルボニル基を1個もつ（表1参照）	
糖質の最も重要な生理的役割は？	生体の(②　　　　)源である その他に結合組織の材料ともなる	
糖質が代謝されると最終的に何になるか？	二酸化炭素と水とエネルギーを生じる エネルギーは糖質1gあたり(③　　)kcal発生する	
糖質で重要なものは？	ヒトにとって最も重要な糖質は(④　　　　)である	
五炭糖も重要な糖であるがなぜか？	五炭糖のリボース，デオキシリボースは核酸（DNA，RNA）の構成成分である	
糖はどのように分類されるのか？ （表2参照）	最小構成単位の糖である単糖類の数から 　①単糖類　②オリゴ糖　③多糖類 単糖はさらに炭素の数から 　①三炭糖　②四炭糖　③五炭糖　④六炭糖　⑤七炭糖	
単糖類は大きくどのように分類されるか？	アルドース	アルデヒド基（-CHO）をもつもの
	ケトース	ケトン基（=C=O）をもつもの
単糖類の基本性質を3つ挙げよ	(⑤　　　　)	単糖類は-OHをもち水に溶けやすい
	(⑥　　　　)	-CHO，=C=Oをもつ糖は他の物質を還元する
	(⑦　　　　)	不斉炭素が存在し，D型とL型がある 哺乳類の糖質では単糖はおもにD型をとる
糖質はエネルギー源の他に輸血とも関連する．それはなぜか？	赤血球表面に存在するABO式血液型物質も，その正体は単糖類が結合した糖質（(⑧　　　　)）である	

表1 アルコール基とカルボニル基

アルコール基	カルボニル基	
(⑨　　　　　) （水酸基ではない）	アルデヒド基やケトン基をまとめた表現	
	アルデヒド基は (⑩　　　　　)	ケトン基は (⑪　　　　　)

表2 単糖を構成する炭素の数からの糖の分類

	英語表現	具体的な糖の名称
三炭糖	トリオース	グリセルアルデヒド
四炭糖	テトロース	エリトロース
五炭糖	ペントース●	リボース，デオキシリボース，キシロース
六炭糖	ヘキソース●	グルコース（ブドウ糖），フルクトース（果糖），ガラクトース，マンノース　（図1参照）
七炭糖	ヘプトース	セドヘプツロース

重要なのはペントース（五炭糖），ヘキソース（六炭糖）

図1 単糖類の化学的な特色による分類

六炭糖を例にとると，グルコースはアルデヒド基をもつのでアルドース，フルクトースはケトン基をもつのでケトースということになる．他の炭糖にも同じことがいえる．

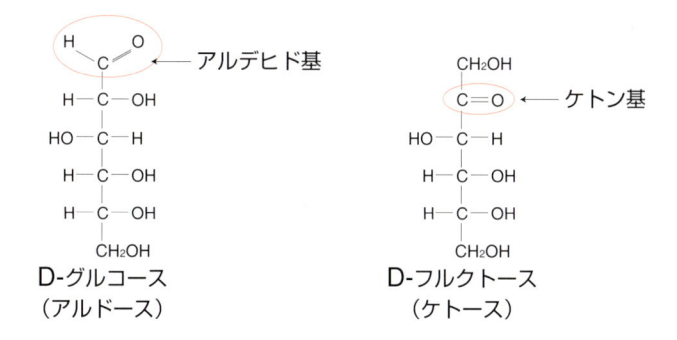

D-グルコース（アルドース）

D-フルクトース（ケトース）

ブドウ糖

ブドウ糖が重要な理由を挙げよ	(⑫　　　)のエネルギー源はブドウ糖のみである
別名を2つ挙げよ	ブドウ糖＝(⑬　　　　)＝(⑭　　　)と呼ばれる
空腹時，血糖値は健常人でどのくらいか？	(⑮　　)～(⑯　　　) mg/dL
ブドウ糖の化学構造的な特色は？	①アルデヒド基をもつ糖（(⑰　　　　　)）である ②六炭糖（(⑱　　　　　)）である ③1個のアルデヒド基と5個のヒドロキシル基をもつ
ブドウ糖が高い状態は糖尿病だが，それではブドウ糖は低ければよいのか？	血糖値が(⑲　　) mg/dL以下に下がった状態を低血糖状態といい，エネルギー源がないので危険である
低血糖と高血糖はどちらが危険か？	直ちに生命に関わる点では(⑳　　　　)のほうが危険である
結晶としてのブドウ糖と水溶液中のブドウ糖の生化学的な違いはあるか？ （図2参照）	ある アルデヒド基は反応しやすいので分子内でヒドロキシル基と反応する．そのため環状構造をとるようになる．この六角形の環状構造がピランという物質の構造に似ているので，結晶としてのブドウ糖はαかβどちらかの(㉑　　　　)である 水溶液になると分子は自由に動けるので，鎖状構造を経て3種類のグルコースが一定の割合でまじった平衡状態になっている
図2のグルコピラノースにはαとβの違いがあるが，どこが違うのか？	＊印のついた炭素の-OHが下向きのものがα，上向きのものがβと呼ばれる これを互いにアノマーであるという

単位も重要．中間値をとって90±20と覚えよう

図2 ブドウ糖の環状構造

グルコースは，環状構造がピランという物質に似ているので，グルコピラノースといわれる（カッコ内は水溶液中での存在比）．

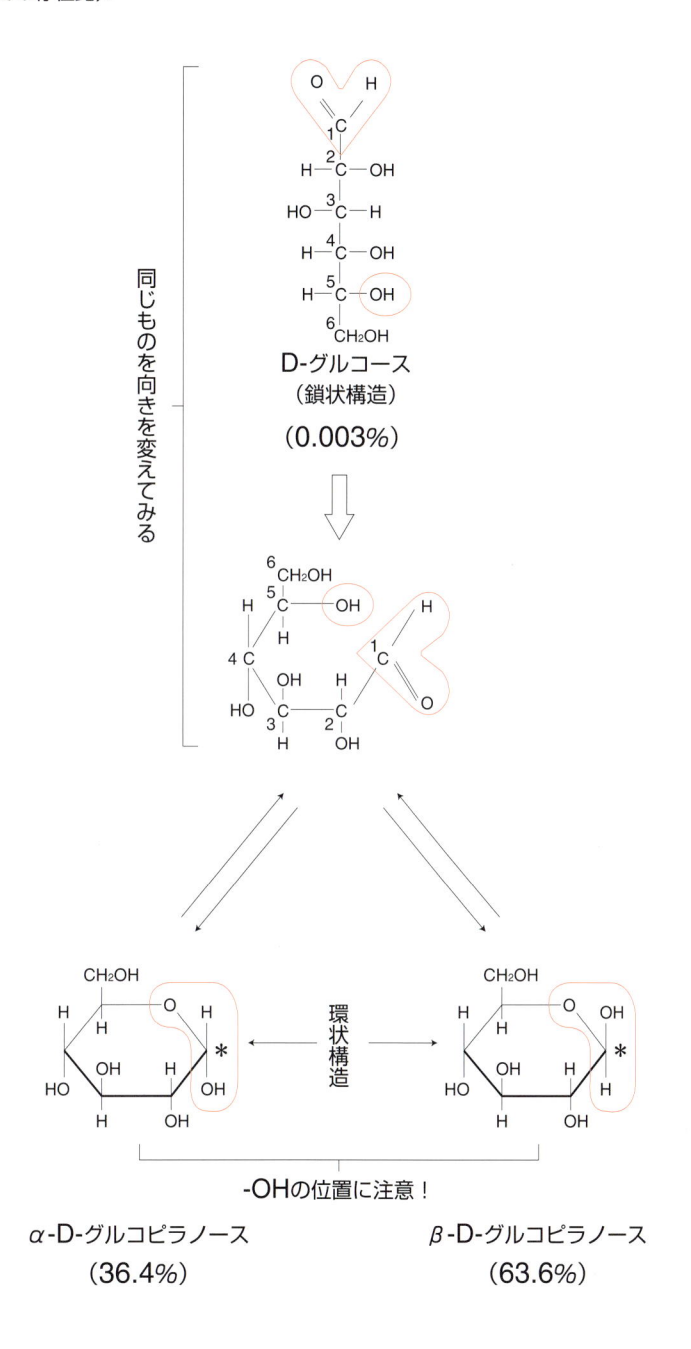

D-グルコース
（鎖状構造）
(0.003%)

同じものを向きを変えてみる

環状構造

-OHの位置に注意！

α-D-グルコピラノース　　　　　β-D-グルコピラノース
(36.4%)　　　　　　　　　　　(63.6%)

多糖類（単糖類のつながった糖）

二糖類	単糖が2個つながったもの		ショ糖，乳糖，麦芽糖
オリゴ糖	単糖が2～10個程度つながったもの		マルトトリオース
多糖類	10数個以上単糖類がつながったもの 同じものがつながったものはホモ多糖 いろいろ異なるものがつながったものはヘテロ多糖	ホモ多糖	グリコーゲン，デンプン，セルロース
		ヘテロ多糖	ヒアルロン酸，コンドロイチン硫酸，ヘパリン

二糖類（表3参照）

二糖類はどのように結合しているか？（図3参照）	単糖と単糖が結合する際，(㉒　　)が取れる形で結合したもの．これを脱水縮合といい，(㉓　　)結合ともいう

表3 代表的な二糖類

二糖類の名称	別名	結合している単糖	もう一方の単糖	グリコシド結合様式
ショ糖	(㉔　　) または (㉗　　)	(㉕　　)	(㉖　　)	α1→2
乳糖	(㉘　　)	(㉙　　)	(㉚　　)	β1→4
麦芽糖	(㉛　　)	(㉜　　)	(㉝　　)	α1→4
グリコシド結合様式とは？	糖と糖が結合する際，図3の二糖類でみられるように左側の糖はピラノース（六角形の環）の1番目の位置から下（(㉞　　)位）または上（(㉟　　)位）から手を出して右の糖の2番目の位置もしくは4番目の位置と結合している．この結合状態を表している．			

各二糖類の和名と英語名，構成する単糖類の名称は試験によく出る．
どれも片方の糖は(㊱　　　　　　)ということを覚えておこう．

図3 二糖類の構造と結合様式

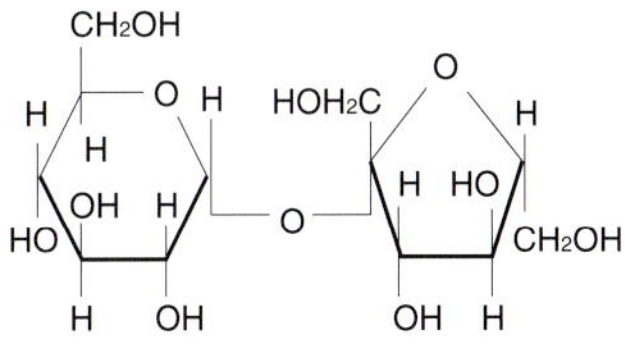

Glc α1→2Fru
スクロース（ショ糖）

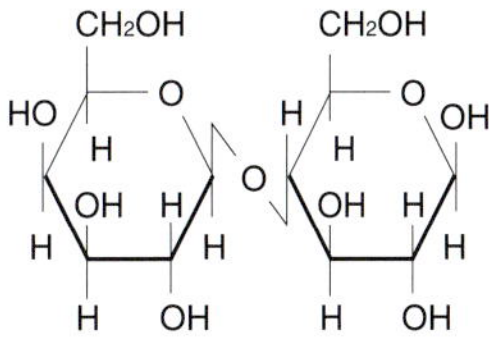

Gal β1→4Glc
ラクトース（乳糖）

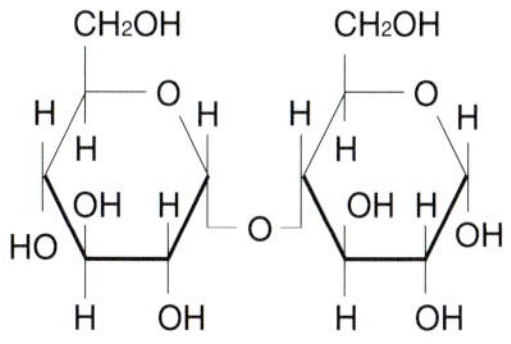

Glc α1→4Glc
マルトース（麦芽糖）

Glc：グルコース
Gal：ガラクトース
Fru：フルクトース

立体異性体

炭素は化学的に4つの腕をもっており，この腕で他の原子または原子の集合体と結合する．このとき炭素からみて周りの4つが互いにすべて異なる場合には，この炭素は不斉炭素となる．不斉という意味は同じではないということで，右手と左手で例えると右手と左手は合掌すると同じように感じるが，上から重ね合わせると一致しない．このような関係を立体異性体という．

立体異性体では，右手と左手の化合物をそれぞれ何と表現するか？（図4参照）	D体とL体という
糖ではD体とL体のどちらが体内に存在するか？	ほとんど（㊲　　　）である

図4 D体とL体

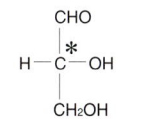

D-グリセルアルデヒド

グリセルアルデヒドのα炭素＊の周りには4つの異なるものが結合しているので不斉炭素．

D-グリセルアルデヒド　鏡　L-グリセルアルデヒド

D体とL体は鏡の関係では対称にみえるが，決して重ならない．

果糖

果糖の化学構造上の特色は？	ケトン基をもつ糖（ケトース）である 六炭糖（ヘキソース）である
果糖の別名は？	(㊳　　　　　　)
結晶としての果糖と水溶液の果糖に生化学的な違いはあるか？	ある 図5のように，フルクトースのケトン基が5番目の炭素と反応すると五角形の環になり，6番目の炭素と反応すると六角形になる．水溶液中ではこれらの構造が混在する
五角形の環を専門用語で何と呼ぶか？	フランという物質の構造に似ているので(㊴　　　　　　) という
六角形の環を専門用語で何と呼ぶか？	ピランという物質の構造に似ているので(㊵　　　　　　) という

グルコースとフルクトース

図5，6をよくみよう

グルコースやフルクトースが環状構造をとるとき，化学反応をして原子が減るだろうか？	減らない 組み合わせが変わるだけ
グルコースではアルデヒド基がアルコール（-OH）と反応している．この反応を何というか？ （図6参照）	ヘミアセタールという (アルデヒド基＋アルコール基) ＝ヘミアセタール
フルクトースではケトン基がアルコール（-OH）と反応している．この反応を何というか？ （図6参照）	ヘミケタールという (ケトン基＋アルコール基) ＝ヘミケタール

I　細胞と構成物質

図5 果糖の環状構造

もとの鎖状構造の分子の番号が環状構造になってついている（カッコ内は水溶液中での存在比）．
この環の番号は二糖類のところで重要なので覚えておこう．

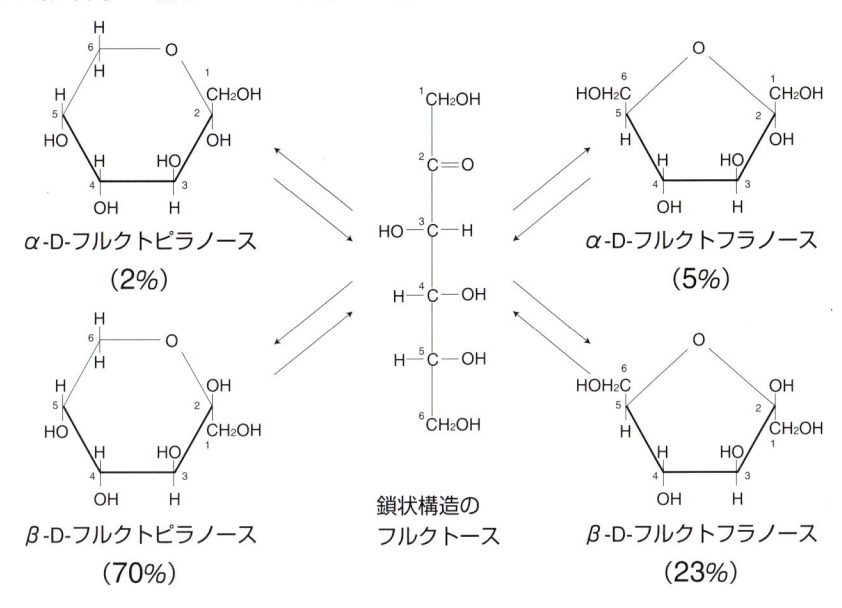

α-D-フルクトピラノース
（2％）

β-D-フルクトピラノース
（70％）

鎖状構造の
フルクトース

α-D-フルクトフラノース
（5％）

β-D-フルクトフラノース
（23％）

図6 ヘミアセタールとヘミケタール

ヘミアセタールとヘミケタールができるときは，何も外れたり加わったりしていないのを確認しよう．

(1) ヘミアセタール

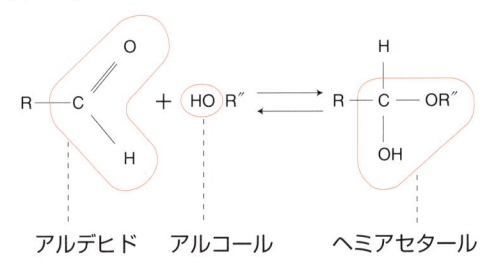

アルデヒド　アルコール　　ヘミアセタール

ヘミアセタールとは？
アルデヒド基＋アルコール基

(2) ヘミケタール

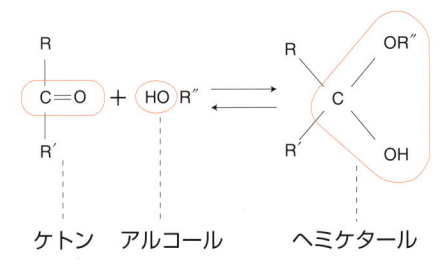

ケトン　アルコール　　ヘミケタール

ヘミケタールとは？
ケトン基＋アルコール基

ホモ多糖

同じ単糖（グルコース）を成分とする．下記のものが代表例．

セルロース	どこによく含まれるか？	植物の（㊶　　　）を構成する	
	グリコシド結合様式は？	グルコースがβ1→4結合した多糖類	
	ヒトが消化できない理由は？	ヒトはセルロース消化酵素をもたないため 草食動物は腸内細菌の酵素で分解する	
デンプン （図7参照）	どのようなものに含まれ，役割は？	植物の種子，芋など 植物が糖を貯蔵するかたち	
	種類があるか？	2種類ある．（㊷　　　）と（㊸　　　） 普通のデンプンではアミロースが約25％，アミロペクチンが約75％	
	それぞれのグリコシド結合様式は？	アミロース	α1→4で直線状につながる
		アミロペクチン	α1→4で直線状につながる α1→6で枝分かれする
	お米を炊くとご飯になるが，どのような変化があるのか？	デンプンに水を加えて加熱すると，糊状になる．これを（㊹　　　）（糊化）という．これはデンプンのなかの結晶成分が，α化によって消えるためである	
グリコーゲン （図8参照）	役割は？	（㊺　　　）が糖（グルコース）を貯蔵するかたち	
	多く含まれる部位は？	おもに（㊻　　　）と（㊼　　　）に多く含まれる	
	グリコシド結合様式は？	α1→4で直線状につながる α1→6で枝分かれする	

図7 デンプンの構造と結合様式

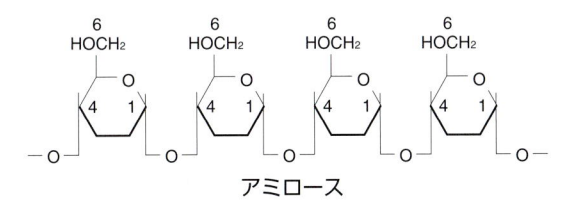

アミロース

アミロペクチン

アミロースは互いのグルコース分子がα1→4で直線状になる．

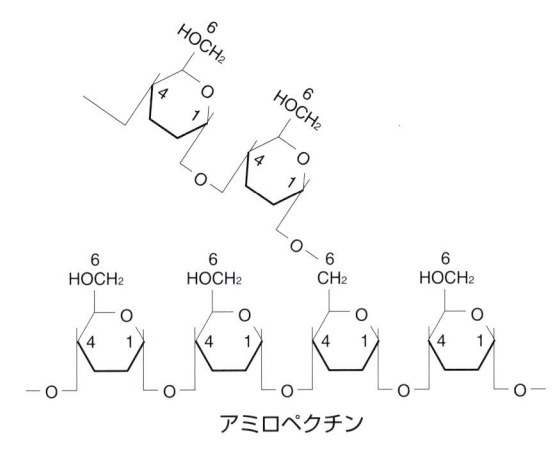

アミロペクチンはグルコース分子がα1→4で直線状につながり，α1→6で枝分かれする．

図8 グリコーゲンの構造と結合様式

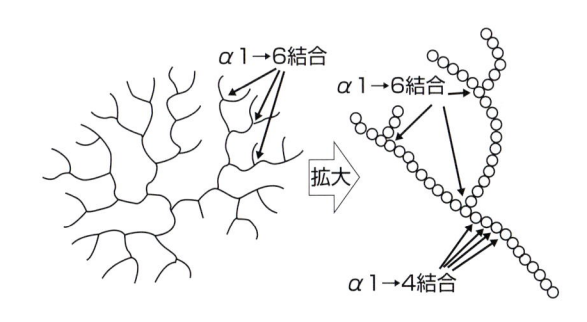

基本的にアミロペクチンに似ているが，アミロペクチンよりもα1→6（枝分かれ）の頻度が高い．

2 糖質

3 アミノ酸とタンパク質

アミノ酸の概要

アミノ酸とは？	タンパク質はアミノ酸が直線状につながったものであり，アミノ酸はタンパク質の構成成分である
アミノ酸の構造を生化学的に表現すると？	特徴を簡単にいうとアミノ基（-NH$_2$）をもつカルボン酸といえる カルボン酸とはカルボキシル基（-COOH）をもつ化合物のこと アミノ酸の構造式は図1参照
α炭素とは？	α炭素のαとは炭素原子の位置をあらわす -COOHから（❶　　　）番目の炭素をα位という （図1参照）
アミノ酸の構造の特色は？	α炭素の周りにアミノ基，カルボキシル基，側鎖，水素が結合している
アミノ酸は何種類あるか？	（❷　　　）種類
アミノ酸の種類の違いはどこが違うか？	側鎖の構造の違いによる （P.22の代表的アミノ酸参照）
アミノ基にはどのような性質があるか？	生体内のpHで-NH$_2$+H$^+$→-NH$_3^+$となり（❸　　　）（アルカリ性のこと）の性質をもつ
カルボキシル基にはどのような性質があるか？	生体内のpHで-COOH→-COO$^-$+H$^+$となり，（❹　　　）の性質をもち，水素イオンを放出する
アミノ酸はアミノ基，カルボキシル基の両方をもつことによりどのような性質をもつか？	アミノ基とカルボキシル基を両方もち，酸と塩基（アルカリ性のこと）の両方の性質をもつ （❺　　　）電解質と呼ばれる R—CH—COOH 　　　NH$_2$ 　　　↓ R—CH—COOH　⇌　R—CH—COO$^-$　⇌　R—CH—COO$^-$ 　　NH$_3^+$　　　　　　NH$_3^+$　　　　　　NH$_2$ （酸性溶液の場合）　（中性溶液の場合）（アルカリ性溶液の場合）

α炭素の周りには4つの異なるものが取り巻くことになる．どのような性質があらわれるか？	糖のところで扱ったように (❻　　　　　　) ができる α炭素を取り巻く4本の結合がそれぞれ異なる相手である場合，鏡に映した状態の異性体が描ける．2つの像は完全に重なることはない この2者の関係を立体異性体といい，周りの空間的な配置が異なるので，α炭素を不斉炭素原子ともいう．グリシン以外のアミノ酸は立体異性体をもつので，一方をD体，他方をL体という．生体のタンパク質は (❼　　) 型アミノ酸のみである
必須アミノ酸とは？	ヒトの体内で必要量を合成できないため，食物から取り入れなければならないアミノ酸のこと（表1参照）

図1 アミノ酸の基本構造

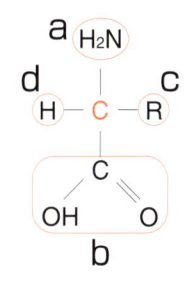

	名称	化学式
a	(❽　　　　　　　)	-NH₂
b	(❾　　　　　　　　　)	-COOH
c	(❿　　　　　　　)	-R
d	水素原子	-H

中央のCの部分を位置でいうとα位で，その位置にある異なる炭素なので (⓫　　　　　) という．基本構造はα炭素に上の4つのものが結合している．

注：アミノ基，カルボキシル基を化学式で書くときは端に − を書く．−Rは種類によって異なるので，まとめてこのようにあらわす．

表1 必須アミノ酸の覚え方

1	あ	(⓬　　　　　　　　　　) ((⓭　　　　　　　) の必須アミノ酸)	
2	め	(⓮　　　　　　　)	
3	ふ	(⓯　　　　　　　　　)	
4	り	(⓰　　　　　　)	
5	ひ	(⓱　　　　　　　)	
6	と	(⓲　　　　　　　)	
7	い	(⓳　　　　　　　)	
8	ろ	(⓴　　　　　　　　)	
9	ば	(㉑　　　　　　)	
10	す	(㉒　　　　　　　)	

薬剤師，臨床検査技師を目指す人を除いて，化学式まで覚える必要はない．
しかし，必須アミノ酸の名称，構造の特色（例えば，脂肪族アミノ酸や芳香族アミノ酸，分子のなかにS原子をもつなど）は必出の問題．
化学式はこのような構造の特徴を理解するために出てくるだけで，必ずしもすべて覚える必要はない．
表1は代表例なので，「あめふりひといろばす」と必ず覚えよう．要は特色を理解することである．

代表的アミノ酸

脂肪族中性アミノ酸

脂肪族とは炭素の鎖という意味.

中性とはアミノ基とカルボキシル基が1個ずつでつりあっているという意味.

名称	側鎖（R基）	共通部分	特徴
グリシン	H—	—CH—COOH | NH$_2$	最も単純なアミノ酸
アラニン	CH$_3$—	—CH—COOH | NH$_2$	側鎖がメチル基
バリン*	CH$_3$ ＼ CH— ／ CH$_3$	—CH—COOH | NH$_2$	
ロイシン*	CH$_3$ ＼ CH—CH$_2$— ／ CH$_3$	—CH—COOH | NH$_2$	
イソロイシン*	CH$_3$—CH$_2$ ＼ CH— ／ CH$_3$	—CH—COOH | NH$_2$	
トレオニン*	CH$_3$—CH— | OH	—CH—COOH | NH$_2$	側鎖中に-OH基をもつ
メチオニン*	CH$_3$—S—CH$_2$—CH$_2$—	—CH—COOH | NH$_2$	側鎖中にS原子をもつ

＊必須アミノ酸

芳香族中性アミノ酸

芳香族とは炭素が環状に並んだ化合物を指す.

名称	側鎖（R基）	共通部分	特徴
フェニルアラニン*	⬡—CH$_2$—	—CH—COOH | NH$_2$	ベンゼン環（フェニル基，六角形の部分）をもつ
トリプトファン*	インドール—CH$_2$—	—CH—COOH | NH$_2$	インドール環（六角形と五角形の部分）をもつ

＊必須アミノ酸

酸性アミノ酸

ここでいう酸性とはアミノ酸全体でカルボキシル基が2個，アミノ基が1個で酸性が強いという意味．

名称	側鎖（R基）	共通部分	特徴
アスパラギン酸	HOOC—CH$_2$—	—CH—COOH | NH$_2$	①側鎖中に-COOHを有す ②1分子中に合計2個-COOHを有す ③負電荷を有す
グルタミン酸	HOOC—CH$_2$—CH$_2$—	—CH—COOH | NH$_2$	

塩基性アミノ酸

ここでいう塩基性とはアミノ酸全体でカルボキシル基が1個，アミノ基が2個で塩基性が強いという意味．

名称	側鎖（R基）	共通部分	特徴
リシン*	CH$_2$—CH$_2$—CH$_2$—CH$_2$— | NH$_2$	—CH—COOH | NH$_2$	①側鎖中に-NH$_2$を有す ②1分子中に合計2個-NH$_2$を有する ③正電荷を有する
ヒスチジン*	（イミダゾール）—CH$_2$—	—CH—COOH | NH$_2$	

＊必須アミノ酸

● ペプチド結合

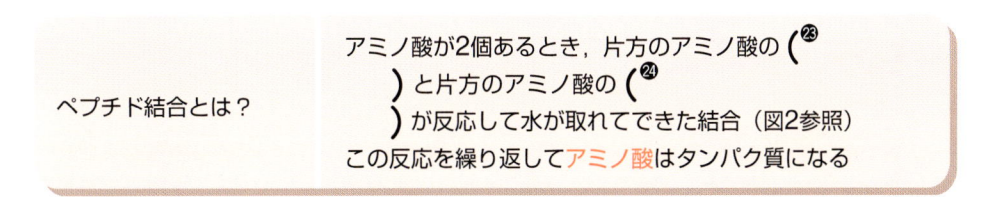

ペプチド結合とは？	アミノ酸が2個あるとき，片方のアミノ酸の（㉓　　）と片方のアミノ酸の（㉔　　）が反応して水が取れてできた結合（図2参照） この反応を繰り返してアミノ酸はタンパク質になる

図2 ペプチド結合

ペプチド結合でできた分子（ジペプチド）の左右両端にはアミノ基とカルボキシル基が残っているので，さらに別のアミノ酸とペプチド結合が可能である．

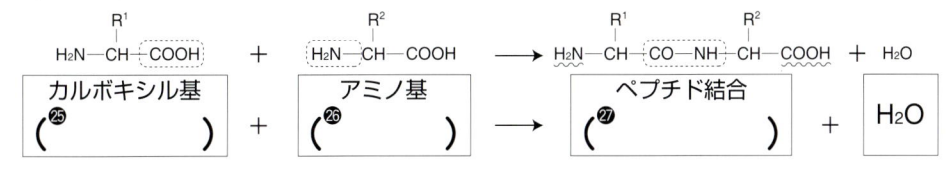

$$\underset{\substack{\text{カルボキシル基}\\(㉖\quad)}}{H_2N-\underset{R^1}{CH}-\boxed{COOH}} + \underset{\substack{\text{アミノ基}\\(㉖\quad)}}{\boxed{H_2N}-\underset{R^2}{CH}-COOH} \longrightarrow \underset{\substack{\text{ペプチド結合}\\(㉗\quad)}}{H_2N-\underset{R^1}{CH}-\underline{CO-NH}-\underset{R^2}{CH}-COOH} + H_2O$$

● タンパク質の概要

タンパク質とは？	タンパク質はヒトを含む生物を構成する主要な高分子物質 細胞の主成分でもあり，生命現象に深い関わりをもっている（表2参照）
タンパク質の大きな特徴を3つ挙げよ	①大きな分子（高分子）である ②アミノ酸がたくさん結合（ペプチド結合，表3），してできている ③多くの種類がある
タンパク質には多くの種類があるが，どのように分けられるか？	①形状による分類 ②構造による分類 （表4参照）
タンパク質は英語で何というか？	(㉘　　　　　　　　)（protein）
タンパク質の分子量はどのくらいか？	分子量は数千から百万以上の巨大分子（高分子） コラーゲンは分子量10万
食物のタンパク質はどのように利用されるか？	アミノ酸に分解されて吸収されたのち，細胞の構築材料となるが，余ったものは分解によってエネルギーを供給し，炭水化物とほぼ同じ熱量（4kcal/g）を産み出す
タンパク質はどんな元素でできているか？	おもに炭素・窒素・水素・酸素・硫黄 窒素が重量の(㉙　　　)%を占める
タンパク質はアミノ酸がつながったものだが，アミノ酸の順序は何が決めるか？	遺伝子（(㉚　　　　　)）がアミノ酸の配列順序を決める
抗体はタンパク質の分類のうち，どのような種類に属するか？	抗体は(㉛　　　　　　　　　　　)と呼ばれるタンパク質で，形状は球状タンパク質 構造では複合タンパク質の糖タンパク質に属する

表2 タンパク質の代表的機能

機能	代表的タンパク質
防御	抗体（免疫グロブリン），凝固因子（フィブリノーゲン，プロトロンビン）
酵素	アミラーゼ，ペプシン，トリプシン
輸送	アルブミン，リポタンパク質，ヘモグロビン
構造	コラーゲン，ケラチン
筋収縮	アクチン，ミオシン
ホルモン	インスリン，成長ホルモン

このうち抗体と酵素に属するものはすべてタンパク質でできていることは重要な点である．
タンパク質はアミノ酸がたくさんつながった（これを重合という）高分子である．

表3 アミノ酸の結合数による化合物の名称

ジペプチド	アミノ酸2個からできる	オリゴペプチド	アミノ酸10個程度からできる
トリペプチド	アミノ酸3個からできる	ポリペプチド	アミノ酸多数からできる

表4 タンパク質の分類

形状による分類	球状タンパク質	全体に球状である．水に溶けやすく，大部分のタンパク質が属する	酵素やヘモグロビンなど
	繊維状タンパク質	水に溶けにくく，生体内の構造要素として働く	コラーゲン，ケラチン，エラスチン
構造による分類	単純タンパク質	アミノ酸だけから構成されているタンパク質	アルブミン，グロブリン
	複合タンパク質	アミノ酸以外の物質も含むタンパク質	糖タンパク質（(㉜　　　），コラーゲン） リポタンパク質（HDL，LDL） ヘムタンパク質（ヘモグロビン） 金属タンパク質（トランスフェリン） 核タンパク質（リボソーム，ヌクレオヒストン）
	誘導タンパク質	単純タンパク質の分解・変性からできる物質	ゼラチン，ペプトン

● タンパク質の構造

タンパク質はアミノ酸がどのくらい結合したものか？	50個から100個以上のアミノ酸がペプチド結合でつながったものをタンパク質という 長くなるにしたがって，分子内で相互作用をし複雑な構造になる
アミノ酸がたくさんつながったとき，先頭や終末はあるか？	タンパク質はアミノ酸がペプチド結合でつながったものだが，たくさんつながっても図2のように，端にアミノ基とカルボキシル基ができる アミノ基のあるほうを (㉝　　　) 末端（N末端），カルボキシル基のあるほうを (㉞　　　) 末端（C末端）という アミノ酸の配列は (㉟　　　) 末端が先頭（左端）で，カルボキシル末端を終末（右端）として書くことになっている

● タンパク質の構造の名称

一次構造とは？	アミノ酸の配列順序のこと．1本のポリペプチドである
二次構造とは？	一次構造に (㊱　　　) が形成されてできる特殊な構造 次のようなものがある ① (㊲　　　) 構造（右巻きのらせん） ② (㊳　　　) 構造（ひだのついた布状）
三次構造とは？	ポリペプチドの二次構造が折りたたまれてできる立体的構造 —S—S—結合，静電結合の作用による
四次構造とは？	2本以上のポリペプチドが組み合わさってできる構造 四次構造を構成するそれぞれのポリペプチドを (㊴　　　) という

●タンパク質の性質 (表5参照)

光に対するアミノ酸，タンパク質の性質は？	トリプトファンやフェニルアラニン，チロシンなどの芳香族アミノ酸は280nmの光を吸収する性質がある．この吸収の程度を測定することでタンパク質の量が分かる
電気に対するアミノ酸，タンパク質の性質は？	アミノ酸，タンパク質は両性電解質である．アミノ基，カルボキシル基の数に応じて，溶液中で陰電荷・陽電荷の等しくなるpHである（㊵　　　）をもつ．アミノ酸，タンパク質の溶液に電極を入れると，等電点より酸性側では分子は正に荷電し，アルカリ側では負に荷電，等電点では移動しない．この原理を使ってタンパク質を分離するのが（㊶　　　）である

表5 タンパク質の検査法

名称	試薬・方法	測定
（㊷　　　）	緩衝液に陽極と陰極をつけて直流電流を流す	両性電解質の性質を利用して各種タンパク質を分離する
ビューレット試薬	アルカリ性硫酸銅	臨床検査で血清総タンパクの定量に利用されている
UV法	紫外線	（㊸　　　）nmの吸光度測定
ニンヒドリン反応	ニンヒドリンを加えて加熱すると赤紫色を呈する	アミノ酸，ペプチド，タンパク質が測定できる
キサントプロテイン反応	濃硝酸を加えて加熱	トリプトファンなどベンゼン環をもつアミノ酸が反応する

4 酵素

酵素の基礎

酵素とは？	生体内での化学反応の触媒作用をする（❶　　　　　）である 一言でいうと生体内触媒といえる
酵素にはどのような特徴があるか？4つ挙げよ	①酵素はすべて（❷　　　　　　　）である ②微量で作用する ③反応の効率が高い ④物質の選択性が高い
酵素の作用する物質を何と呼ぶか？	（❸　　　　）という 基質は酵素の作用を受けて反応生成物となる（図1参照） 酵素は（❹　　　　　　　　）といって特定の基質とだけ反応する性質をもつ
酵素の働き（活性）はどのような単位であらわされるか？	酵素活性は単位（U；ユニット）という単位であらわされる 酵素の1単位とは，1分間に1μmolの基質に作用する酵素量のことをいう いい換えると，これは一定量の酵素あたり，基質から反応生成物に変化する反応速度をあらわしている
酵素は基質にどのように働くか？	基質分子のなかの結合（共有結合）を切断するのに要するエネルギーを活性化エネルギーという 酵素は，触媒作用をもつタンパク質であり，酵素はこの活性化エネルギーを低下させて，反応速度が速くなる
酵素が基質と反応する部位は何というか？ （図2参照）	酵素分子のなかで，基質と結合するのはごく一部である 酵素分子のなかの基質と結合する部位を（❺　　　　　）という 活性中心に入り込める基質はごく限られたものだけである．そのため基質特異性が生じる．この関係を鍵と鍵穴の関係に例える しかし，1つの酵素が1つの基質にだけしか反応しないと考えるのは古典的な見方で，現在では酵素の基質特異性にはある程度の幅があるとされている
酵素活性に影響を与える因子を挙げよ	酵素反応が進みやすい条件を挙げると， 　①反応しやすいpHがある（最適pH） 　②反応しやすい温度がある（最適温度）…一般に35〜50℃

酵素の補因子とは何か？	酵素の種類によっては，タンパク質の部分だけでは酵素として働かないものがある 酵素の機能を発揮するのに必要なタンパク質以外の因子を（❻　　　）という．補因子の結合するタンパク質部分を（❼　　　）といい，アポ酵素と補因子が結合したものを（❽　　　）という（図3，表1参照）

図1 酵素反応

酵素の種類によって基質は分解されたり，合成されて変化する．
酵素自身は変化することはない．

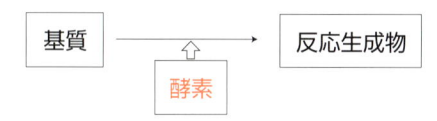

基質 → 反応生成物
　　酵素

図2 酵素の基質特異性

酵素は特定の基質とだけ反応する．

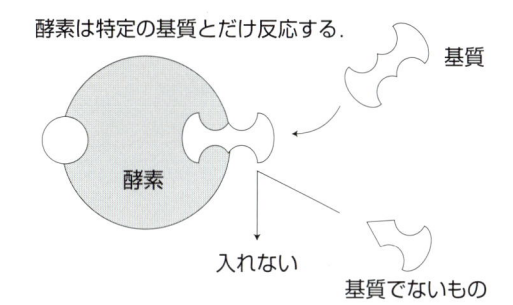

基質
入れない
基質でないもの

図3 酵素の構成

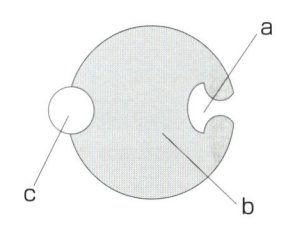

左の酵素の各部位名は下記のとおり．

a	活性中心
b	アポ酵素
c	補因子
b+c	ホロ酵素

表1 補因子の種類

補因子 （酵素のタンパク質以外の部分）	アポ酵素に緩やかに結合するもの	（❾　　　）	補酵素はビタミン関連物質が多い 例）NAD^+，$NADP^+$はニコチン酸からつくられる
		（❿　　　）	Mg^{2+}，Ca^{2+}など
	アポ酵素に強く結合するもの	補欠分子族	ビオチンやリポ酸は酵素タンパク質に共有結合をしている

酵素の臨床的意義

逸脱酵素(いつだつこうそ)とは？	細胞のなかで働く酵素をもつ細胞や，消化液に分泌される酵素をもつ細胞が損傷を受けると，酵素が血液中に漏れて出てくる．このような酵素を逸脱酵素という
逸脱酵素の測定は臨床検査にどのように結びつくか？	ある臓器に特徴的な酵素が血液中に検出されると，もとの臓器の組織の損傷程度や経過を知ることができる 表2で挙げる酵素が代表的な逸脱酵素である
GOTとGPTの臨床検査の意味はどのように違うか？	GOTは心疾患や肝疾患などさまざまな臓器の損傷を意味する GPTは（⑪　　　）疾患で特徴的に上昇する
アイソザイムとは？	同じ基質に作用し，同じ反応をする酵素を，電気泳動などで分けると，何種類かに分けられるものがある それらを（⑫　　　　　　　　　　）という これはタンパク質の四次構造である（⑬　　　　　　　　）の組み合わせが異なるためである （図4，5参照）
LDHのアイソザイムの臨床検査の意義は？	LDHはH型（心筋型）とM型（骨格筋型）サブユニットから成る四量体で，H型とM型が図4のように組み合わさり（⑭　　）種類のアイソザイムが存在する M_4，M_3H_1は（⑮　　　　），骨格筋に含まれる M_1H_3，H_4は（⑯　　　　　），腎臓，（⑰　　　　　）に含まれる 図5のように疾患で異なるパターンを示す
CKのアイソザイムの臨床検査の意義は？	CKはM型あるいはB型サブユニットから成る二量体で，3種類のアイソザイムが存在する 　①CK-MM（心筋，骨格筋由来） 　②CK-MB（（⑱　　　　）） 　③CK-BB（脳） CKは上記のいろいろな組織の障害で上昇するので，心筋梗塞の診断には特にCK-（⑲　　　）の測定が重要である

代表的アイソザイムはLDHとCK，アミラーゼ

表2 逸脱酵素と疾患

酵素名	略号	臓器	異常値を示す状態
グルタミン酸オキサロ酢酸トランスアミナーゼ	GOT（またはAST）	心筋，骨格筋 肝臓，脳	心筋梗塞，肝炎
グルタミン酸ピルビン酸トランスアミナーゼ	GPT（またはALT）	(⑳　　　)	(㉑　　　)，肝腫瘍
アミラーゼ		膵臓 唾液腺（耳下腺）	(㉒　　　) 膵管閉塞 (㉓　　　)
クレアチンキナーゼ	CK（またはCPK）	骨格筋 (㉔　　　) 脳	心筋梗塞 筋ジストロフィー 過激な運動（マラソンなど）
γ-グルタミルトランスペプチダーゼ	γ-GTP	肝臓	(㉕　　　) 肝炎
乳酸脱水素酵素	LDH	心筋 肝臓	心筋梗塞，肝炎 白血病
リパーゼ		膵臓	急性膵炎，膵管閉塞
酸性ホスファターゼ		前立腺	前立腺癌転移
アルカリ（性）ホスファターゼ	ALP	骨芽細胞 肝臓	肝臓，特に胆道系疾患 骨疾患，成長期

図4 LDHのアイソザイム

MとHを合計4つ組み合わせて，5種類のパターンのLDHが存在する．

M₄　M₃H₁　M₂H₂　M₁H₃　H₄

図5 LDHの電気泳動のパターン

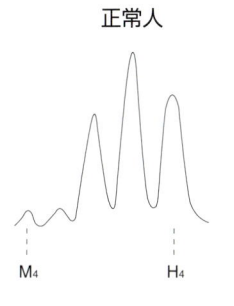

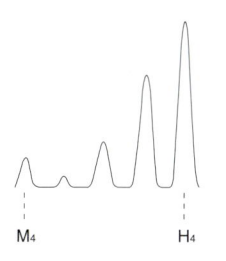

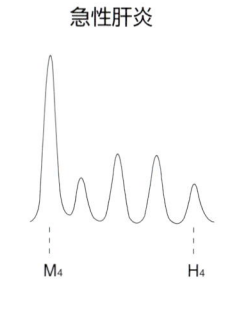

正常人　急性心筋梗塞　急性肝炎

心筋梗塞と肝炎では由来が異なるので，正反対のパターンとなる．

酵素の名称について（表3参照）

酵素の名称の特色は何か？	語尾に（㉖　　　　）（…ase）とつく
酵素の分類は？	表3のように大きく6種類に分けられる
酵素の名称はどのようにつけられるか？	国際生化学連合の決まりにより系統名と推奨名がつけられている さらに従来から習慣的に使われてきた慣用名（いわゆる別名）で呼ばれるものもある 同じ酵素でも最大3種類の名前がつくことがある

逸脱酵素の臨床検査への応用例

この順番は重要！

心筋梗塞の際，典型的な逸脱酵素であるGOT，LDH，CKは，どのような経過をとるか？	発作後，最も速く上昇するのが（㉗　　　　），次にGOT，その次がLDH （図6参照）

その他，酵素に関すること

阻害剤とは？	酵素反応の際に，ある物質の存在が酵素活性を低下させるとき，その物質を阻害剤という 阻害剤の多くは，本来の基質と構造がよく似ているため，酵素反応の際に酵素の活性中心に入り込み，反応を妨害することになる 阻害剤は医療に応用され，薬として利用されている 代表例は痛風の治療薬の（㉘　　　　　　　　）で，キサンチンから尿酸を生成するキサンチンオキシダーゼを阻害する
アロステリック酵素とは？	酵素のなかには基質結合部位である活性中心だけでなく，酵素反応を調節する調節物質の結合する部位をもつ酵素がある これをアロステリック酵素という 調節物質の結合する部位を調節部位という

I　細胞と構成物質

表3 酵素の分類

	分類	作用	例
1	酸化還元酵素（オキシドリダクターゼ）	酸化還元反応を触媒する	・乳酸脱水素酵素
2	転移酵素（トランスフェラーゼ）	ある化合物の基を，別の化合物に移す反応を触媒する	・ヘキソキナーゼ ・トランスアミナーゼ
3	加水分解酵素（ヒドロラーゼ）	加水分解反応を触媒する	・アルカリ（性）ホスファターゼ
4	除去付加酵素（リアーゼ）	ある化合物の基を切り離して2重結合をつくる反応，またはその逆反応を触媒する	・アルドラーゼ ・炭酸脱水素酵素
5	異性化酵素（イソメラーゼ）	異性化反応を触媒する	・ホスホグルコムターゼ
6	合成酵素（リガーゼ）	2個の分子をつなぐ合成反応を触媒する	・ピルビン酸カルボキシラーゼ

図6 心筋梗塞の場合の逸脱酵素の経過例

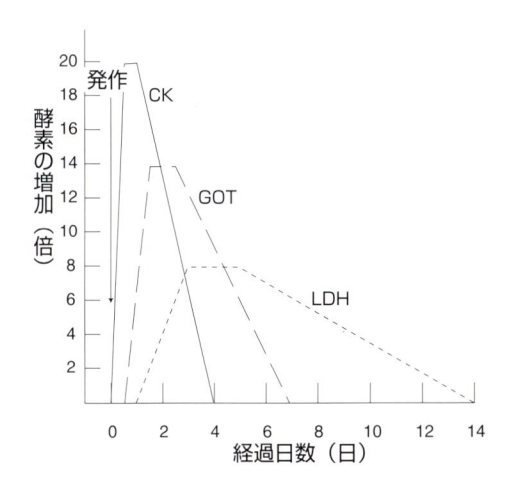

これら3種類の酵素を測定することによって，心筋梗塞の経過を知ることができる．
臨床検査ではいろいろな酵素のデータを組み合わせて診断をする．
このパターンは覚えよう．

ここは重要！

心筋梗塞の逸脱酵素上昇の典型的なパターンは，次の順番に上昇する．

1	CK
2	GOT
3	LDH

5 脂質

脂質の概要

脂質を理解するための基礎知識．

水に溶けやすい性質は？	親水性（しんすいせい）という
水に溶けにくい性質は？	疎水性（そすいせい）という
側鎖とは？	おもに炭素と水素から成る炭化水素鎖のことを指す 炭素と水素のいろいろな組み合わせがあることを指している アシル基（アルキル基）ともいい，R-と省略して書かれる 特定のものではなく，いろいろな炭化水素鎖が結合することをあらわす．この部分が長くなる（炭素が増える）ほど疎水性が強くなる
メタノール，エタノールに共通するのは何か？	どちらもアルコールに属し，一般式；R-OHと書かれる R−OH 疎水性　親水性 アルコールの基本構成は， 　　R-OH ⇒ アルキル基＋ヒドロキシル基 といえる
アルコールの-OHと水酸基の-OHは同じものか？	違う 水酸基の-OHはNaOHに代表されるように，水溶液中で塩基性（アルカリ性）を示す アルコールの-OHはヒドロキシル基ともいい，解離（かいり）しない したがって，アルコールの水溶液は（❶　　　　　　）である
アルコールの側鎖の炭素数はどのような性質と関係があるか？	水によく溶けるかどうかという（❷　　　　　　）と関係がある 一般にアルコールは，分子のなかに-OHがあるので水によく溶ける 炭素数が多くなると水に溶けにくくなる 炭素数の少ないアルコールを（❸　　　　　　）アルコール， 炭素数の多いアルコールを（❹　　　　　　）アルコールという

I　細胞と構成物質

エステル結合とは？	ヒドロキシル基（アルコール）とカルボキシル基（脂肪酸）との反応でできる結合の仕方の名前である（表1参照） エステル結合の覚え方は分子のなかに —C—O— (COO)、 $\underset{\text{O}}{\overset{\parallel}{}}$ COOつまりCO₂（二酸化炭素）があると覚えよう
比べてみよう！ ペプチド結合は何基と何基の結合か？	ペプチド結合はアミノ基とカルボキシル基との結合である
脂肪酸とは？	分子のなかにカルボキシル基をもつ物質をカルボン酸という このカルボン酸は分子のなかのカルボキシル基の数が異なっており，-COOHが1個のものはモノカルボン酸，2個はジカルボン酸，3個がトリカルボン酸である モノカルボン酸のうちで側鎖の炭素数の多いモノカルボン酸を特に脂肪酸といい，一般的に（❺　　　　　　）と書かれる
脂肪酸の側鎖の炭素数はどのような性質と関係があるか？	アルコールと同じく炭素数が増えるほど疎水性が強くなる
脂肪酸の水溶液のpHは？	弱い酸性を示す 炭酸よりは強い酸である 炭素数が少ないほど酸として強い

表1 エステル結合

エステルの具体例	CH₃—C—OH+H—O—C₂H₅ ⇄ CH₃—C—O—C₂H₅＋H₂O 　　∥　　　　　　　　　　　　　∥ 　　O　　　　　　　　　　　　　O 　　酢　酸　　エタノール　　　酢酸エチル　　水 酢酸（脂肪酸の例）とエタノール（アルコールの例）が反応して水と酢酸エチルができる
エステルができる反応の一般的な書き方	RCOOH ＋ HOR′ → RCOOR′ ＋ H₂O （R-，R′-は炭化水素鎖をあらわす）

脂質の基礎

脂質の一般的性質は？	脂質は水に溶けず，アルコール・エーテルなどの有機溶媒に溶けるという特徴をもつ物質をまとめたものである
なぜ水に溶けないか？	炭化水素鎖（側鎖）という構造上の特徴があるため，水となじまない（疎水性）．炭化水素鎖が長くなるほど疎水性が強くなる
脂質のカロリーはいくらか？	脂質は1gあたりのカロリーが9kcal/gである タンパク質は4kcal/gで，糖質も4kcal/gである
脂質の成分は（何から構成されているか）？	脂質は三価のアルコールである（⑥　　　　　　　）と種々の高級（⑦　　　　　　）とが（⑧　　　　　　　）結合を形成したもの（図1，2参照）
脂質は大きくどのように分類されるか？	次の3つに分類される（表2参照） ①単純脂質　②複合脂質　③誘導脂質
脂質と脂肪酸は同じものか？	違う 脂肪酸は脂質の構成成分である
脂肪酸の構成は？（復習）	炭素と水素から成る炭化水素鎖（R基またはアシル基）と，カルボキシル基-COOHから成る
脂肪酸の性質を挙げよ	①長鎖飽和脂肪酸は常温では固体（脂）である ②長鎖不飽和脂肪酸は常温では液体（油）である ③長鎖脂肪酸は無色・無臭 ④短鎖脂肪酸は臭気あり（酢酸がよい例） ⑤2重結合をもつものは酸化されやすい ⑥ヒトの脂肪組織の脂肪酸は炭素数が偶数個のものが多く，なかでも炭素数（⑨　　　　）個のものが多い
飽和脂肪酸とは？	飽和脂肪酸…炭化水素鎖中は単結合のみで，2重結合をもたないもの 不飽和脂肪酸…炭化水素鎖中に2重結合をもつ（表3参照）
必須脂肪酸とは？	体内で合成できない脂肪酸 リノール酸，リノレン酸，アラキドン酸

三価とは-OHを3個もつという意味
高級とは炭化水素鎖が長い（炭素が多い）という意味

図1 グリセロールの構造

グリセロールは-OHを3個もつ三価のアルコールである．

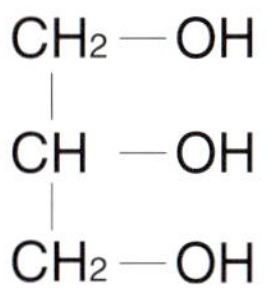

$$
\begin{array}{l}
CH_2-OH \\
CH\ -OH \\
CH_2-OH
\end{array}
$$

図2 脂肪酸とグリセロールの反応

R-は1個のことも2個のこともあるが，天然の脂質中ではR-が3個のトリアシルグリセロールが最も多い．

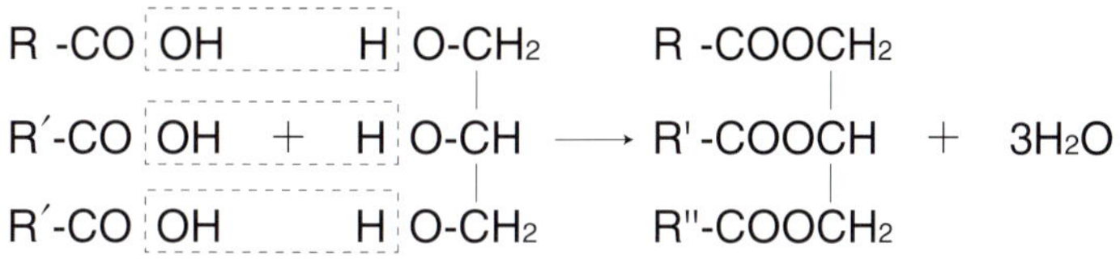

$$
\begin{array}{l}
R\text{-CO|OH} \quad\ \ H|O\text{-CH}_2 \\
R'\text{-CO|OH} + H|O\text{-CH} \\
R'\text{-CO|OH} \quad\ \ H|O\text{-CH}_2
\end{array}
\longrightarrow
\begin{array}{l}
R\text{-COOCH}_2 \\
R'\text{-COOCH} \\
R''\text{-COOCH}_2
\end{array}
+ 3H_2O
$$

高級脂肪酸 ＋ グリセロール → トリアシルグリセロール＋水

表2 脂質の分類

単純脂質	脂肪酸とアルコールのエステル	①トリアシルグリセロール　グリセロールと脂肪酸のエステル ②ろう　脂肪酸と一価高級アルコールのエステル
複合脂質	脂質とリン酸，または糖質が結合したもの	①リン脂質（グリセロリン脂質とスフィンゴリン脂質がある） ②糖脂質
誘導脂質	脂質の構成成分であり，脂質を加水分解することによって生じるもの	①脂肪酸　②ステロイド ③脂溶性ビタミン

表3 不飽和脂肪酸の炭素

名称	炭素数	2重結合の数	
オレイン酸	18	1	
(❿　　　)	18	2	(⓭　　　) 脂肪酸
(⓫　　　)	18	3	
(⓬　　　)	20	4	

● トリアシルグリセロール

意味は？ （図3，4参照）	トリとは3のこと アシルは炭化水素鎖（R基または側鎖）のこと グリセロールは母体となる三価のアルコールのこと
別名を挙げよ	臨床では（⑭　　　　　　）もしくは（⑮　　　　　　）という
トリアシルグリセロールが多く含まれるものを2つ挙げよ	食品中の脂肪と体内の（⑯　　　　　　）に貯蔵される脂肪 これらの大部分はトリアシルグリセロールである
生体内での役割は？	脂肪細胞中に貯蔵され，エネルギー源として利用される
消化酵素は何か？ どこから分泌されるか？	トリアシルグリセロールを分解する酵素は（⑰　　　　　　）である （⑱　　　　　　）の外分泌腺から分泌される

TGと略されることもある

● 糖脂質

糖脂質には大きく分けてどのような種類があるか？	リン脂質と同様にグリセロ糖脂質とスフィンゴ糖脂質があるが，動物・ヒトの糖脂質はスフィンゴ糖脂質である
スフィンゴ糖脂質の基本構造は？	脂肪酸＋（⑲　　　　　　　　　　　）＋単糖または糖鎖 脂肪酸とスフィンゴシンをあわせたものをセラミドという
スフィンゴ糖脂質には具体的にどのようなものがあるか？	セレブロシド（セラミドにガラクトースが結合したもの）が代表例で，脳白質に多く含まれる

図3 グリセロールとトリアシルグリセロール（トリグリセライド）

```
CH2-OH   HOOC-R1              CH2OCOR1
                  エステル結合
CH -OH + HOOC-R2  ─────────→   CHOCOR2
                     3H2O
CH2-OH   HOOC-R3              CH2OCOR3

グリセロールと3個の脂肪酸        トリアシルグリセロール
```

グリセロールと脂肪酸からアシルグリセロールができる．実際にはR基（炭化水素鎖，またはアシル基）は長いので，トリアシルグリセロールは3本の長い足をもつクラゲと覚えるとよい（図4参照）．

図4 トリアシルグリセロールのモデル

グリセロール

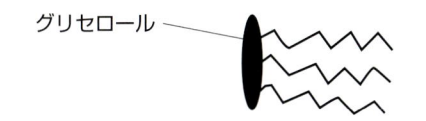

3本の足は炭化水素鎖．

補　足（有機化学の復習）

官能基による有機化合物の分類

有機化合物の構成は次のようになっている（表4参照）．

有機化合物 ＝ 炭化水素鎖（骨格）＋ 官能基（特性）

官能基とは有機化合物の性質を決める働きをする部分のこと（表5参照）．

表4 炭化水素鎖の例

化学式	名称
CH_3-	（⑳　　　）基
C_2H_5-	（㉑　　　）基
⬡— または C_6H_5-	フェニル基

表5 官能基と有機化合物

化学式	官能基の名称	化合物群の名称	化合物の例	その化合物の名称
-OH	（㉒　　　）基	アルコール	CH_3OH	（㉓　　　）
			C_2H_5OH	（㉔　　　）
-O-	（㉕　　　）結合	エーテル	$C_2H_5-O-C_2H_5$	ジエチルエーテル
$-C{\lessgtr}^O_H$	（㉖　　　）基	アルデヒド	CH_3CHO	アセトアルデヒド
$>C=O$	（㉗　　　）基	ケトン	$CH_3-CO-CH_3$	アセトン
$-C{\lessgtr}^O_{O-H}$	（㉘　　　）基	カルボン酸 または 脂肪酸	CH_3-COOH	（㉙　　　）
$-NH_2$	（㉚　　　）基	アミン	$C_6H_5-NH_2$	アニリン
$-NO_2$	（㉛　　　）基	ニトロ化合物	$C_6H_5-NO_2$	ニトロベンゼン

官能基の化学式をみてその名称がいえるようにしておこう（できれば化学式も書けるようにしよう）．

リン脂質

リン脂質の生体内での役割は？	生体の（㉜　　　　　　）の構成成分で，その構造を脂質2重層と呼ぶ
それではリン脂質はなぜ脂質2重層をつくるのか？	リン脂質中には水となじむ親水性部分と，水をはじく炭化水素鎖から成る疎水性部分があるため，水溶液側には親水性部分を向け，反対側に疎水性部分を向ける性質があるから（図5参照）
リン脂質には大きく分けてどのような種類があるか？	グリセロリン脂質とスフィンゴリン脂質に大きく分けられる
グリセロリン脂質の基本的な構造は？	脂肪酸＋（㉝　　　　　　　　）＋リン酸＋α
グリセロリン脂質には具体的にどのようなものがあるか？	（㉞　　　　　　　　　　　　　）（またはレシチン），ホスファチジルエタノールアミン，ホスファチジルイノシトール，ホスファチジルセリン
スフィンゴリン脂質の基本的な構造は？	脂肪酸＋（㉟　　　　　　　　）＋リン酸＋α 脂肪酸とスフィンゴシンをあわせたものをセラミドという
スフィンゴリン脂質には具体的にどのようなものがあるか？	（㊱　　　　　　　　　　　　　）
消化酵素は何か？ どこから分泌されるか？	リン脂質を分解する酵素は（㊲　　　　　　）である （㊳　　　　）の外分泌腺から分泌される

> グリセロリン脂質の代表例として名前を覚えよう
> 生物界で最も多いリン脂質である！

> スフィンゴリン脂質の代表例として名前を覚えよう
> 動物に広く分布し，脳・神経・赤血球に多いリン脂質である！

図5　リン脂質のモデル

a．リン脂質分子 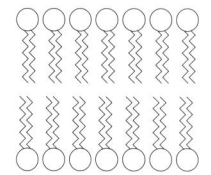　　　b．脂質2重層

疎水性部分（炭化水素鎖）
親水性の部分

リン脂質の構造のモデルは丸（親水性部分）から疎水性の足（炭化水素鎖）が2本出ていると覚えるとよい．
脂質2重層では，親水性の丸が外側を向いて，水にはじかれる足の部分が内側を向く．

ステロイド化合物

> ダイエットで食事からのコレステロールを減らしても，体内でつくられたコレステロールが増える

ステロイドとは？	図6のような環状構造をもつ化合物の総称である 環の数え方に規則があるので，図6をよくみておこう さらに，図7のように基本的環状構造の周囲に側鎖がつく場合にも位置の数え方に規則がある
ステロールとは？	ステロイド環の3位に-OHをもつものをステロールという．-OHをもつのでアルコールの一種である
コレステロールとは？	生体中で最も多く含まれるステロイドがコレステロールである 構造は図7のとおり，3位が-OHのアルコールである したがって，脂肪酸のカルボキシル基とエステル結合をし，そのようなコレステロールをエステル型コレステロール（コレステロール・エステル）という
コレステロールの生体内での役割は？	細胞膜の構成成分として重要であり，細胞膜に強直性を与える作用がある
血中コレステロールが高値を続けるとどうなるか？	変性したコレステロールが動脈に沈着し，（㊴　　　）を起こす
体内のコレステロールは食品に含まれていたものか？	乳製品や肉類などの食品に含まれているが，体のなか（㊵　　　）でも合成されており，量的には食品からのものより多い
体内でコレステロールから合成されるものを4つ挙げよ	①胆汁酸　　　②性ホルモン ③副腎皮質ホルモン　　　④ビタミンD

図6 ステロイドの構造

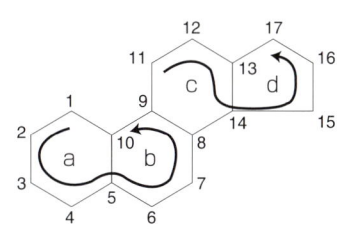

ステロイドの基本環状構造である．この環状構造の角の位置には番号がついていて，矢印の順に数えていくことになっている．

図7 コレステロールの構造

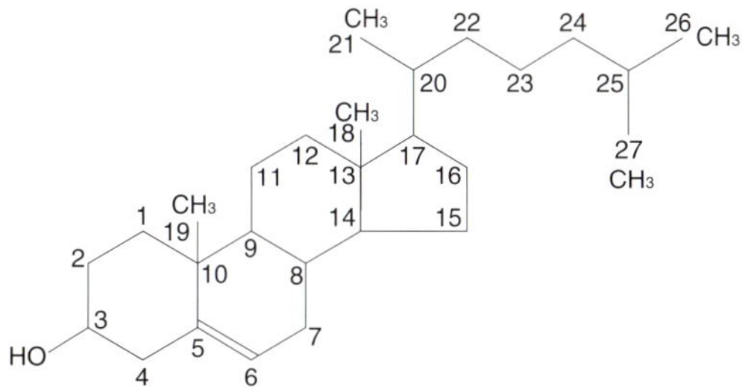

図6の基本構造にさらに枝葉が加わるとき，枝葉にあたる側鎖も番号がついており，数える順番が決まっている．コレステロールには，3位に-OHがついていることに注意しよう．

●リポタンパク質

水と油は分離するが，血液中で水に溶けにくい脂質が分離しないのはなぜか？	(㊶　　　　　　　　　)粒子というカプセルを形成しているため，運搬する脂質はカプセルのなかに入っているので分離しない
リポタンパク質はなぜ水になじむのか？	図8のように，カプセルの外側に(㊷　　　　　)の**親水性**部分を向けているからである
リポタンパク質は何によって分類されるか？	リポタンパク質粒子の(㊸　　　　)（密度）によって分類される
リポタンパク質にはどのような種類があるか？ 4種類挙げよ	比重の高いものから順に ①高密度リポタンパク質（略称：HDL*） ②低密度リポタンパク質（略称：LDL） ③超低密度リポタンパク質（略称：VLDL） ④キロミクロン
リポタンパク質の比重の差はどのように調べられるか？	超遠心法で遠心力を加えて，重いものが下に沈む性質を利用する．密度の小さいものは，粒子の大きさが(㊹　　　　　)ことに注意しよう（図9参照）
リポタンパク質にはタンパク質としての性質があり，電気泳動によって分離されるおもなものを，陽極側から挙げよ	陽極側から順に，α，βと数えて ①αリポタンパク質 ②プレβリポタンパク質 ③βリポタンパク質 ④キロミクロン

	電気泳動法	超遠心法
リポタンパク質には比重と荷電という2つの性質から名前が2つある．各々の対応をまとめる	αリポタンパク質	高密度リポタンパク質（HDL）
	プレβリポタンパク質	(㊺　　　　　)（VLDL）
	βリポタンパク質	(㊻　　　　　)（LDL）
	キロミクロン	キロミクロン
	プレβとβ，LDLとVLDLとの対応は入れ替わるので注意（図9参照）	

*最近はHDLというように，略号には特にピリオドはつけない．

図8 リポタンパク質の基本構造

この図は基本構造を示している．
この粒子の大きさ，脂質の組成，アポリポタンパク質の種類などによって，大きく4種類のリポタンパク質がある．

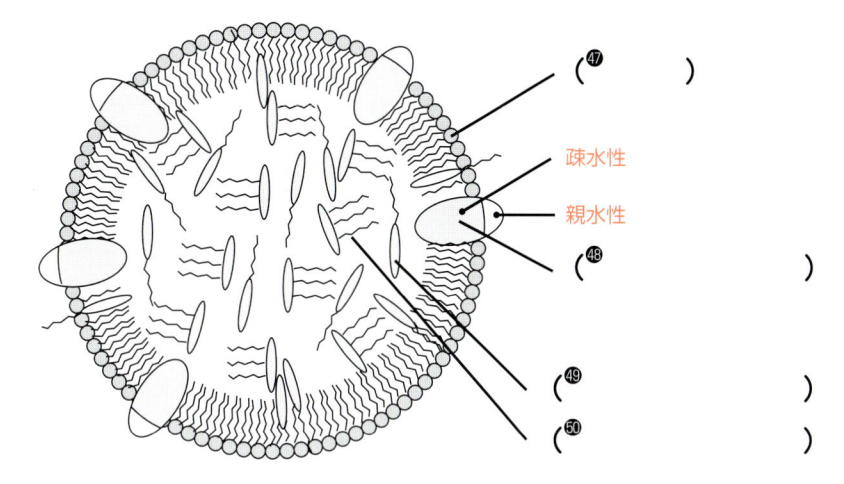

(㊼　　　　　)

疎水性
親水性

(㊽　　　　　)

(㊾　　　　　)
(㊿　　　　　)

図9 リポタンパク質の2つの分離法

同じリポタンパク質を異なる検査法でみたもの．
比重は超遠心法で調べられる．
タンパク質の荷電状態は電気泳動法で調べられる．

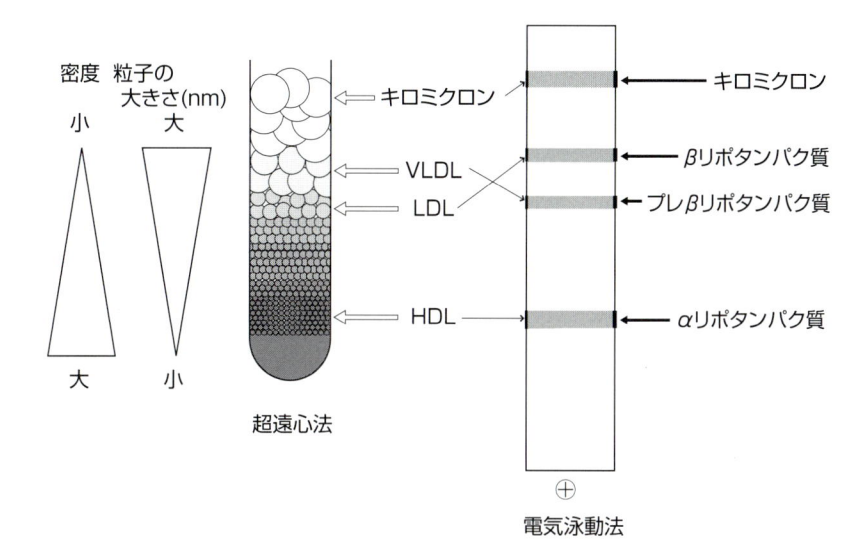

密度 小→大
粒子の大きさ(nm) 大→小

超遠心法
- キロミクロン
- VLDL
- LDL
- HDL

電気泳動法
- キロミクロン
- βリポタンパク質
- プレβリポタンパク質
- αリポタンパク質

6 ビタミン

ビタミンの概要

ビタミンの学習では，ビタミンとその化学名を対応させて覚えることと，ビタミンの作用と欠乏症を対応させて覚えることが大切である．またプロビタミンがある場合は，プロビタミンと活性型の名称も覚えること．

ここが重要！

ビタミンとは？	体内で合成されないか合成量が少なく，体外からの摂取が必要な微量栄養素をいう
体内でビタミンが不足することを何というか？	ビタミン（❶　　　　　）という
ビタミンの分類は？	水に溶けやすい（❷　　　　　）ビタミンと有機溶媒に溶けやすい（❸　　　　　）ビタミンに分類される
脂溶性ビタミンには何があるか？記号で挙げよ	A，D，（❹　　），Kが脂溶性ビタミンである
水溶性ビタミンで重要なものは何があるか？記号で挙げよ	重要なものは（❺　　）と（❻　　　　）であるB群というのはB_1，B_2，B_6，B_{12}とさまざまな種類があるからである
ビタミン摂取の副作用はあるか？	大量摂取で副作用が問題になるのは（❼　　　　）ビタミンである．なぜなら水に溶けないので，過剰摂取の際，尿で排泄されず，体内に蓄積するためである
ビタミンHは存在するか？	存在する 化学名（❽　　　　　）である ヒトでは欠乏症がないため，問題にならない
食品中のビタミンと体内で作用するビタミンは同じものか？	すべて同じものではなく，体内で変化して作用形になるものがある．そのような場合，食品に含まれるのは（❾　　　　　）という

I　細胞と構成物質

脂溶性ビタミン（表1参照）

ビタミンA

ビタミンAが多く含まれる植物性食品は何か？	緑黄色野菜（かぼちゃ，ほうれん草，にんじんなど）に含まれる．しかし，ビタミンAとして直接緑黄色野菜に含まれているのではない
ビタミンAは植物性食品にどのようなかたち（化学名）で含まれているか？	(❿　　　　　　　)で含まれている カロチンは体内でビタミンAとなるが，このように体内でビタミンとなるものを(⓫　　　　　　)という
ビタミンAの化学名は何というか？	(⓬　　　　　　　)である カロチンは肝臓・小腸粘膜上皮でレチノールになる
ビタミンA欠乏症で夜盲症になるのはなぜか？ （図1参照）	ビタミンAが欠乏すると(⓭　　　　　　　　)が不足するからである ロドプシンは明暗感知に関わる網膜桿体細胞にある物質で， 　①レチノール誘導体 　②オプシン というタンパク質の結合したものである

図1 ビタミンAからロドプシンの合成

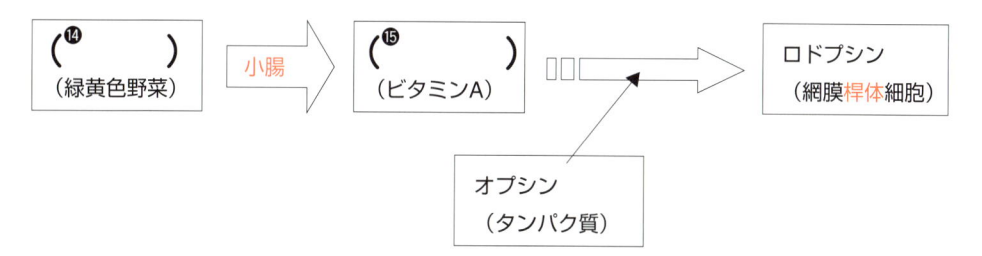

(⓮　　)　→小腸→　(⓯　　)　⇒　ロドプシン
(緑黄色野菜)　　　　(ビタミンA)　　　（網膜桿体細胞）
　　　　　　　　　　　　　↑
　　　　　　　　　オプシン
　　　　　　　　　（タンパク質）

ビタミンD

ビタミンDが食品に含まれる状態を何というか？	プロビタミンDという
ビタミンDの化学名は何というか？	(⑯　　　　　　)という．厳密には生体内に次の2つがある．大部分はビタミンD₃である ①ビタミンD₂（エルゴカルシフェロール） ②ビタミンD₃（コレカルシフェロール）
プロビタミンDの化学構造は何に似ているか？	(⑰　　　　　　　　　)に似ている
ビタミンDの欠乏症が起きるのはどのような場合か？（図2参照）	図2で示すように，ビタミンDは摂取量が単純に不足して起きるだけではなく，(⑱　　　)（紫外線）に当たらないと不足する．また，(⑲　　　　)でも活性型ビタミンD₃が不足するので欠乏症が起きる

ビタミンK

ビタミンKの化学名は？	(⑳　　　　　　　　)という
ビタミンKの欠乏症はどのような症状か？	血液凝固の(㉑　　　　)（血液が固まりにくくなる）ビタミンKは血液凝固に必要なプロトロンビンというタンパク質が肝臓で合成される際に必要なビタミンである
ビタミンKはどのような場合に欠乏するか？	成人ではビタミンKは食事に含まれているものに加えて，(㉒　　　　　)も合成しているため，通常の食事では欠乏(㉓　　　　) 欠乏するのは， ①母乳哺育中の(㉔　　　　)では母乳にビタミンKが少なく，腸内細菌叢も十分でないことから欠乏症がみられることがある ②(㉕　　　　　)の常用者も腸内細菌の死滅により欠乏症がみられる しかし，新生児にビタミンKを過剰に投与すると，溶血性貧血や核黄疸などの過剰症が出ることがあるので，注意を要する

| ビタミンKと反対の作用（抗凝固作用）をもつ薬剤は何か？ | (㉖　　　　　　　　)（抗凝固剤）やジクマロールはビタミンKの作用を阻害するので，血液を凝固しにくくする |

図2 ビタミンD

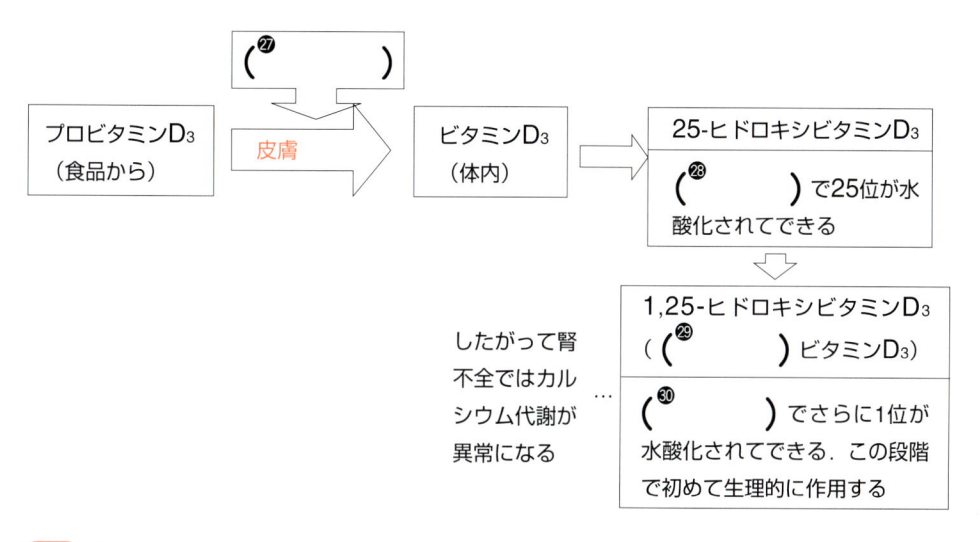

プロビタミンD₃（食品から） →[皮膚 (㉗　　)]→ ビタミンD₃（体内） → 25-ヒドロキシビタミンD₃（(㉘　　)で25位が水酸化されてできる）→ 1,25-ヒドロキシビタミンD₃（(㉙　　)ビタミンD₃）（(㉚　　)でさらに1位が水酸化されてできる．この段階で初めて生理的に作用する）

したがって腎不全ではカルシウム代謝が異常になる

表1 脂溶性ビタミンのまとめ

ビタミン名	化学名	作用	欠乏症
A	(㉛　　)	網膜の色素である(㉜　　)となる 皮膚・粘膜の保護	(㉝　　) 角膜乾燥症 角化亢進
D	(㉞　　)	小腸からの(㉟　　)の輸送 リン酸とカルシウムを結合させ，骨に沈着させる	小児；(㊱　　) 成人；骨軟化症
E	(㊲　　)	脂肪の抗酸化剤として働く	ヒトでは欠乏症は不明
K	(㊳　　)	肝臓で血液(㊴　　)因子であるプロトロンビンの生成に必要	血液凝固の(㊵　　) (㊶　　)

必須脂肪酸（リノール酸・リノレン酸・アラキドン酸）をビタミンFとしてとりあげることもある．

水溶性ビタミン（表2参照）

ビタミンB1の生化学的役割は何か？	ビタミンB1（チアミン）はリン酸と結合してチアミンピロリン酸となって，糖代謝（ピルビン酸脱炭酸酵素）の（㊷　　　）として働く
ビタミンB1の欠乏が影響を及ぼす組織はどこか？	（㊸　　　）組織である
脚気（かっけ）とはどのような病気か？	（㊹　　　）の欠乏で，足の感覚が麻痺したりむくみができる病気．さらに全身や足がだるくなり，疲れやすくなる．神経症状が足（脚）に出たものといえる
ビタミンB1を抽出しビタミン学説の基礎を築いたのはだれか？	（㊺　　　）である ビタミンB1は最初に発見されたビタミンである
ビタミンB12に含有される金属は何か？	（㊻　　　）である
ビタミンB12の吸収に必要な因子は何か？	ビタミンB12は単独では吸収されない 胃粘膜の（㊼　　　）という糖タンパク質と結合して初めて回腸で吸収される．したがって（㊽　　　）をした患者ではビタミンB12の欠乏症を起こすことがある
ビタミンB12の欠乏症は何か？	（㊾　　　）（かつての悪性貧血）である ビタミンB12は（㊿　　　）（DNA，RNA）合成やアミノ酸代謝に関与する 不足すると骨髄に巨大な赤芽球が出現し，末梢血中の赤血球も巨大化するが数は減少し，ヘモグロビンも減少する
なぜビタミンCが欠乏すると出血しやすくなるか（壊血病）？	ビタミンCは，結合組織に含まれる（(51)　　　）の合成と維持に必須の物質である 不足するとコラーゲンの合成が不足し，毛細血管がもろくなり，出血しやすくなる
葉酸の生化学的役割は何か？	葉酸は（(52)　　　）（プリン・ピリミジン塩基）の合成に関与する（(53)　　　）である
葉酸の欠乏症は何か？	核酸の合成障害を起こすので，ビタミンB12と同様に（(54)　　　）を起こす

表2 水溶性ビタミンのまとめ

ビタミン名	化学名	作用・特色	欠乏症
B_1	((55)　　　　) （サイアミン）	グルコース代謝の（(56)　　　　）	((57)　　　　) 多発性神経炎 視神経炎
B_2	((58)　　　　)	フラビンアデニンジヌクレオチド（FAD），フラビンモノヌクレオチド（FMN）のかたちで種々の酵素の（(59)　　　　）として作用	口唇炎 口角炎 舌炎
B_6	((60)　　　　)	ピリドキサルリン酸のかたちでアミノ基転移酵素などの（(61)　　　　）である	ラットの実験で皮膚炎 ヒトは不明
B_{12}	((62)　　　　)	（(63)　　　　）を含むビタミン （(64)　　　　）という胃粘膜から分泌される糖タンパク質と結合して初めて吸収される	((65)　　　　) （悪性貧血）
C	((66)　　　　)	生体内の酸化・還元反応に関与する	((67)　　　　) （出血傾向）
ナイアシン	((68)　　　　)	ニコチンアミドアデニンジヌクレオチド（NAD）やニコチンアミドアデニンジヌクレオチドリン酸（NADP）のかたちで種々の酵素の（(69)　　　　）として作用	((70)　　　　) 皮膚炎
葉酸	((71)　　　　)	（(72)　　　　）合成に関与	((73)　　　　)

II　物質代謝とエネルギー代謝

1 糖の消化・吸収と代謝

糖質の消化と吸収（図1, 表1参照）

食物から摂取する糖質にはどのようなものが含まれるか？	多糖類として ①植物からの（❶　　　　　） ②動物の筋肉からグリコーゲン 二糖類として ①麦芽糖 ②乳糖 ③ショ糖		
デンプンの生化学的成分を2つ挙げよ．またグリコシド結合も挙げよ	名称	構成比	グリコシド結合
	（❷　　　　　）	約25%	α1→4 結合のみ（直線状分子）
	（❸　　　　　）	約75%	α1→4 結合（直線状部分） α1→6 結合（枝分かれ部分）
デンプンの消化酵素の名称は何か？その酵素が作用するのはどこか？	（❹　　　　　　　　　）である．デンプンのα1→4結合に作用し，反応物に水分子を付け加えて切断する加水分解反応を行う 　アミロペクチンのα1→6結合には作用しないことに注意！		
デンプンの消化酵素の分泌部位はどこか？	唾液腺と膵臓の外分泌腺より，（❺　　　　）と（❻　　　　）として分泌される		
唾液と膵液に含まれるαアミラーゼは同じものか？	基質に対する作用は同じものだが，タンパク質組成としては，（❼　　　　）ものである 唾液アミラーゼと膵液アミラーゼはタンパク質の四次構造の異なる（❽　　　　　　　　）酵素であり，電気泳動をすると異なるパターンを示す		
デンプンにαアミラーゼが作用してできるものを3つ挙げよ	①マルトース ②マルトトリオース ③α限界デキストリン		
α限界デキストリンとは？	αアミラーゼが作用しない枝分かれした部分（α1→6結合）をもつ糖鎖である		

糖は消化管のどこで吸収されるか？	(⑨　　　)粘膜上皮細胞から吸収される．これは能動輸送で粘膜上皮質の糖濃度が高くても細胞に取り込まれる
糖は最終的にどのようなかたちで吸収されるか？	(⑩　　　)の状態で吸収される．二糖類では吸収されない 表1で示される二糖類分解酵素が粘膜上皮細胞の表面に存在して単糖に分解されてから吸収される
セルロースはヒトではなぜ消化されないのか？	セルロースもグルコースから成る多糖であるが，セルロース中のグルコースは(⑪　)→(⑫　)結合をしているため，αアミラーゼでは分解できないから

図1 デンプンの消化

デンプンの消化される過程を確認しよう．

```
         デンプン
  ┌──────────┬──────────┐
  アミロペクチン   アミロース
  α1→6で枝分かれあり  枝分かれなし
         │
       (⑬        )
      ┌────┴────┐
  α限界デキストリン   マルトトリオース
       │               │
     (⑭    )         (⑮       )
       │               │
       │            マルトース
       │               │
       │            (⑯       )
       └──────┬────────┘
           グルコース
```

糖質の名称　酵素の名称

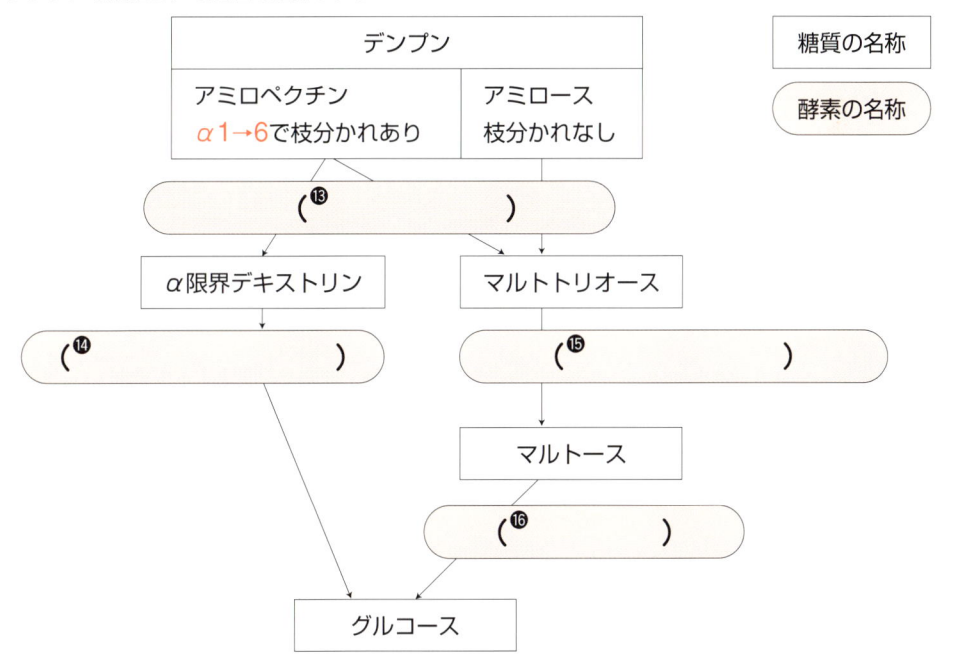

表1 二糖類の名称と分解酵素

二糖類名	英語名	分解酵素	分解して生成する単糖	
乳糖	ラクトース	ラクターゼ	グルコース	ガラクトース
ショ糖	スクロース	スクラーゼ	グルコース	フルクトース
麦芽糖	マルトース	マルターゼ	グルコース	グルコース

二糖類が分解して生成する単糖は一方が必ず(⑰　　　　　)である．

グルコース代謝

解糖系

解糖系は最終的に何から何を生じる経路か？物質名を挙げよ	1分子のグルコースから2分子の(⑱　　　)と2分子の(⑲　　　)を生じる経路である（図2参照）
解糖系の他の回路にない特色は？	酸素がない状態（(⑳　　　)条件）でエネルギー（ATP）を産生できる
右の文の空欄を埋めよ	通常酸素が十分供給されている場合を(㉑　　　)条件といい，この条件では，解糖系を経てクエン酸回路に入り，たくさんのエネルギーを取り出せる．激しい(㉒　　　)で筋肉の酸素が不足するときは，(㉓　　　)を利用してエネルギーを産生する．この際，(㉔　　　)が発生して筋肉痛を生じる
解糖系が働くのに必要なビタミンは何か？	ビタミン(㉕　　　)群の(㉖　　　)が必要であるナイアシンはNADHまたはNAD^+の材料になり，ある化合物から別の化合物に水素を渡す役割をする
解糖系の別名を挙げよ	エムデン・マイヤーホッフ経路
細胞のなかで解糖系の行われる場所はどこか？	細胞質の細胞小器官以外の部分で，水溶液状の部分（(㉗　　　)）
激しい運動で生じた乳酸はどうなるか？	生じた乳酸は，血液を通って肝臓に運ばれ，再びグルコースとなる．これは肝臓で乳酸が解糖系を逆行してグルコースが合成されるためであるこのような糖以外の物質からグルコースを合成する経路を(㉘　　　)という
人体の細胞のなかで解糖系だけでATP産生を行う細胞を挙げよ	(㉙　　　)は(㉚　　　)をもたず，解糖系だけでATPをつくるこれは赤血球自身は酸素を消費せず，組織に酸素を運ぶという本来の目的にかなったものである

図2 解糖系反応

グルコースが嫌気的な条件下で細胞質中で分解される反応で1分子のグルコースから2分子の乳酸を生じ，最終的に2分子のATPを生じる．

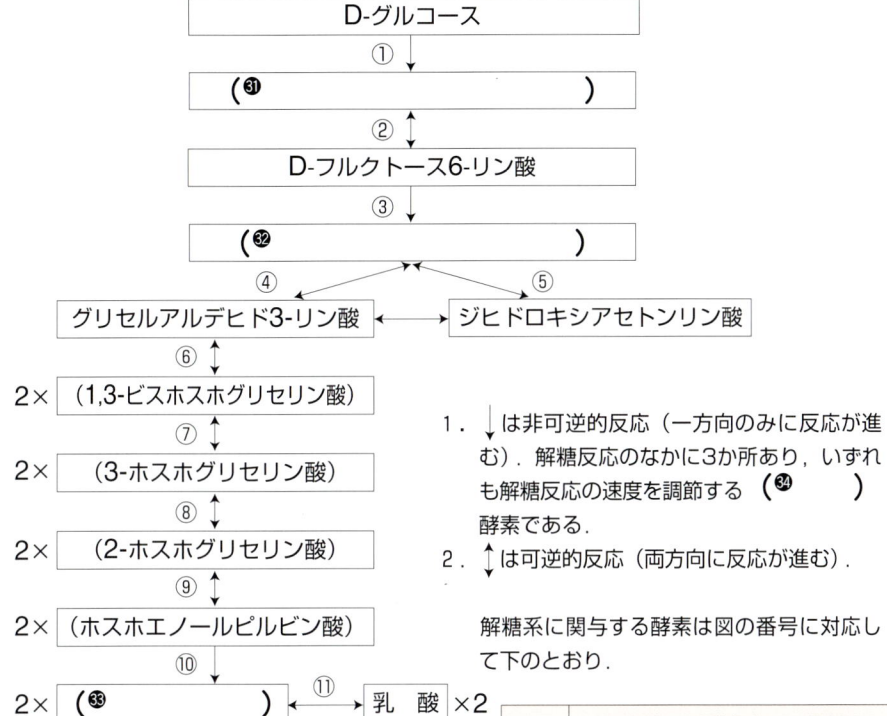

```
           D-グルコース
               │①
         ( ㉛           )
               ↕②
         D-フルクトース6-リン酸
               │③
         ( ㉜           )
            ④↙  ↕⑤
   グリセルアルデヒド3-リン酸 ⟷ ジヒドロキシアセトンリン酸
               ↕⑥
   2×(1,3-ビスホスホグリセリン酸)
               ↕⑦
   2×(3-ホスホグリセリン酸)
               ↕⑧
   2×(2-ホスホグリセリン酸)
               ↕⑨
   2×(ホスホエノールピルビン酸)
               │⑩              ⑪
   2×( ㉝        ) ⟵ 乳 酸×2
               ⋮
           クエン酸回路へ
```

1．↓は非可逆的反応（一方向のみに反応が進む）．解糖反応のなかに3か所あり，いずれも解糖反応の速度を調節する（ ㉞　　）酵素である．
2．↕は可逆的反応（両方向に反応が進む）．

解糖系に関与する酵素は図の番号に対応して下のとおり．

	酵素名
①	(㊱　　　　　　)
②	ホスホヘキソースイソメラーゼ
③	(㊲　　　　　　)
④	アルドラーゼ
⑤	ホスホトリオースイソメラーゼ
⑥	グリセロアルデヒド3-リン酸脱水素酵素
⑦	ホスホグリセリン酸キナーゼ
⑧	ホスホグリセリン酸ムターゼ
⑨	エノラーゼ
⑩	(㊳　　　　　　)
⑪	乳酸脱水素酵素（LDH）

3．上の図で3か所だけ直接逆行できないところがあるが，逆行する場合は，別の酵素で逆行する．
4．（ ㉟　　）とは，化学反応の速度を支配するという意味．道路で例えると，一方通行や渋滞の起こりやすい場所に相当する．一連の化学反応のうちで重要な役割をもつ部分と覚えておこう．

クエン酸回路

クエン酸回路の別名を挙げよ	クレブス回路，(㊲　　　) 回路ともいわれる
右の文はクエン酸回路の概略を述べたものである．空欄を埋めよ	グルコースの解糖で生じた (㊵　　　) 酸は，(㊶　　　) の供給が十分なとき ((㊷　　　) 時) は (㊸　　　) のマトリクスに移行し，ここで脱炭酸反応を受けて (㊹　　　) に変化したあと，オキサロ酢酸と縮合してクエン酸回路に入る
クエン酸回路の営まれる細胞内小器官の名称は？	(㊺　　　) である．さらに詳しくいうと，ミトコンドリアの (㊻　　　) である
ミトコンドリアにグルコースは直接入るか？	入らない．解糖系でつくられたピルビン酸がミトコンドリアのなかに入る
ピルビン酸は直ちにクエン酸回路で利用されるか？	利用されない．ピルビン酸がクエン酸回路で利用されるには，さらに (㊼　　　) に変化することが必要である（図3参照）
アセチルCoAとは？また，何からつくられるか？（図4参照）	CoAは「コ・エイ」と読み，補酵素Aの略 ビタミンB群の (㊽　　　) に由来している クエン酸回路に直接入るのはアセチルCoAである
アセチルCoAのアセチルの意味は？	(㊾　　　)（アセテート）の分子の一部をもつという意味で，アセチル基の2個の炭素はクエン酸回路の2分子の (㊿　　　) となる
クエン酸回路で生じるものを4つ挙げよ（図3参照）	① (㉛　　　) が2分子生じる ② 3分子の (㉜　　　) が，3分子のNADから生じる ③ 1分子の (㉝　　　) が，1分子のFADから生じる ④ (㉞　　　)（グアノシン三リン酸，高エネルギー化合物の一種）が1分子生じる
クエン酸回路で直接，ATPはできるか？	できない．クエン酸回路そのもので直接つくられる高エネルギー化合物は (㉟　　　) である

ではATPはどのようにつくられるか？	クエン酸回路でできたNADHやFADH₂から水素（電子）が（㊻　　　　）に渡されてたくさんのATPがつくられる
1分子のグルコースを完全に分解するにはクエン酸回路は何回転するか？	2回転 グルコースは炭素6個から成る ピルビン酸は炭素が3個から成るのでクエン酸回路は2回転する

図3 クエン酸回路

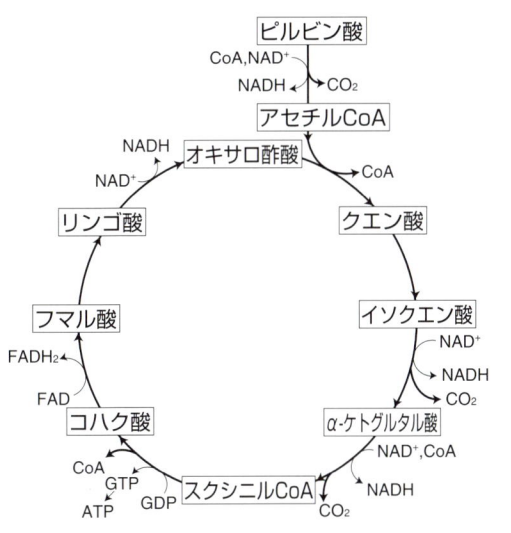

クエン酸回路の覚え方

く	(㊼　　　)
い	(㊽　　　)
け(に走って)	(㊾　　　)
さく	(㊿　　　)
こ(えて)	(㊶　　　)
ふまれ(た)	(㊷　　　)
りんご(を)	(㊸　　　)
おきさる	(㊹　　　)

覚え方：食い気に走って柵越えて踏まれたリンゴを置き去る

本によってはクエン酸とイソクエン酸の間にシスアコニット酸が入り，イソクエン酸とα-ケトグルタル酸の間にオキサロコハク酸が入っているものがある．これは反応をより詳しくみたもので，覚えておくのはこの図3の□のなかの化合物名で十分である．

図4 アセチルCoAの構造

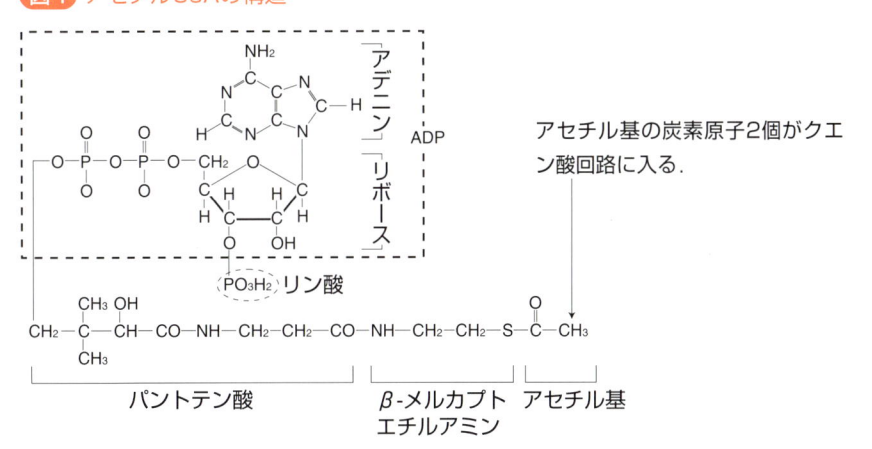

アセチル基の炭素原子2個がクエン酸回路に入る．

電子伝達系

電子伝達系とは？	クエン酸回路の反応で生じたNADHやFADH₂は，(⑤　　　)（電子）をやりとりしながら補酵素Qやシトクロムと呼ばれる電子伝達物質を次々移動し，最終的に酸素を還元し水を生じる これを，電子伝達系あるいは呼吸鎖という
電子伝達系が行われる細胞内の部位は？	(⑥　　　　　　)の(⑥　　　)
電子の伝達を仲介している物質は何か？（図5参照）	FMN　　フラビンモノヌクレオチドの略 CoQ　　補酵素Qの略　ユビキノンともいわれる Cyt　　シトクロムの略
シトクロムの特色を挙げよ	シトクロムはヘムタンパク質の一種で，ヘモグロビンの仲間のタンパク質である シトクロムにa, b, cといった種類がある ヘムのなかに鉄が含まれる．この鉄が電子を運搬する $Fe^{3+} + e^- \rightarrow Fe^{2+}$
NADHから何分子のATPができるか？	(⑥　) 分子のATP
FADH₂から何分子のATPができるか？	(⑥　) 分子のATP NADHとFADH₂ではNADHのほうが酸化還元電位が1つ上なので，ATPが1個多い
酸化的リン酸化とは？	電子伝達系で高エネルギー化合物ATPが合成されるのは，水素（電子）の移動によって(⑦　　　　) 反応から自由エネルギーが発生するためである このような酸化還元反応を介してADPからATPがつくられることを酸化的リン酸化という

図5 電子伝達系の反応

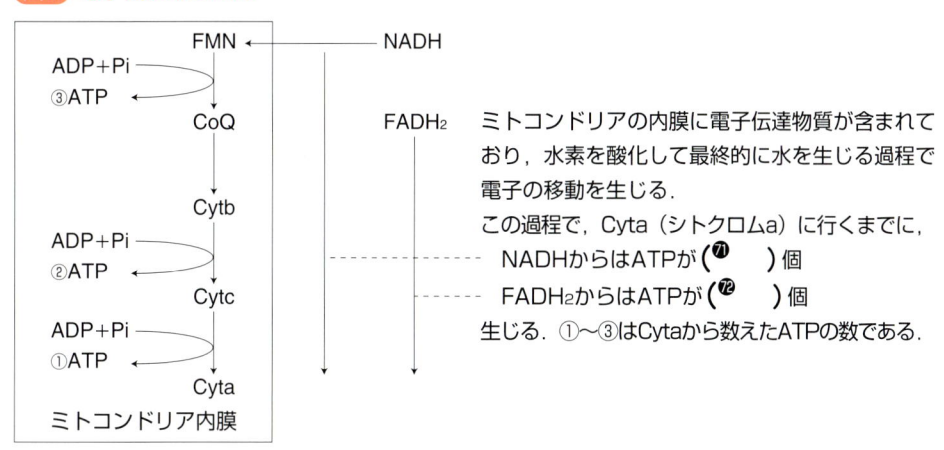

```
FMN ← ─── NADH
 ↓
CoQ ← ─── FADH₂
 ↓
Cytb
 ↓
Cytc
 ↓
Cyta
```
ADP+Pi → ③ATP (FMN→CoQ)
ADP+Pi → ②ATP (Cytb→Cytc)
ADP+Pi → ①ATP (Cytc→Cyta)
ミトコンドリア内膜

ミトコンドリアの内膜に電子伝達物質が含まれており，水素を酸化して最終的に水を生じる過程で電子の移動を生じる．
この過程で，Cyta（シトクロムa）に行くまでに，
NADHからはATPが（㉛　）個
FADH₂からはATPが（㉜　）個
生じる．①〜③はCytaから数えたATPの数である．

高エネルギー化合物について

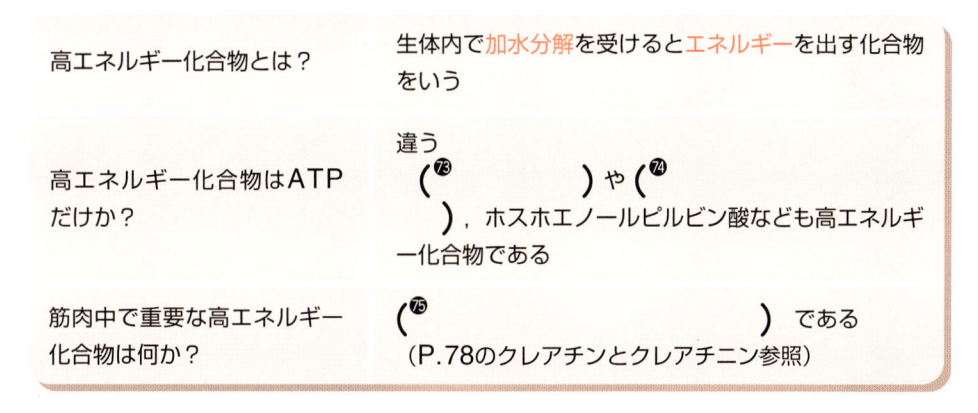

高エネルギー化合物とは？	生体内で加水分解を受けるとエネルギーを出す化合物をいう
高エネルギー化合物はATPだけか？	違う（㉝　　　）や（㉞　　　），ホスホエノールピルビン酸なども高エネルギー化合物である
筋肉中で重要な高エネルギー化合物は何か？	（㉟　　　　　　　）である（P.78のクレアチンとクレアチニン参照）

グルコース代謝のまとめ

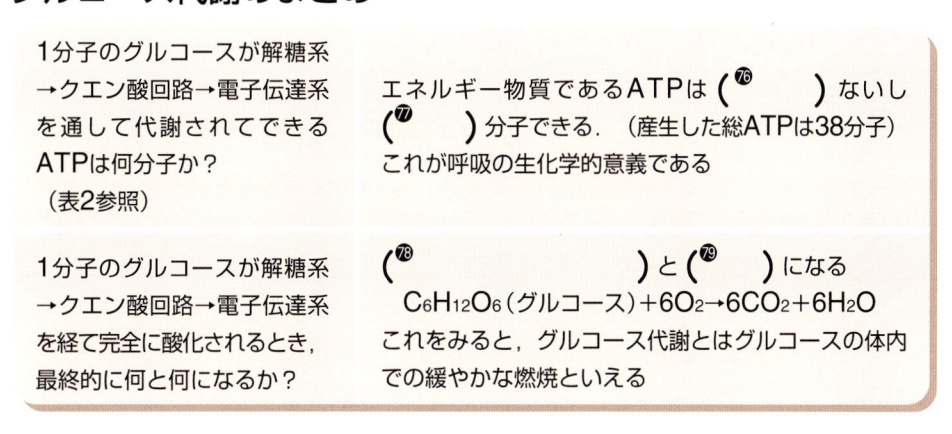

1分子のグルコースが解糖系→クエン酸回路→電子伝達系を通して代謝されてできるATPは何分子か？（表2参照）	エネルギー物質であるATPは（㊱　　）ないし（㊲　　）分子できる．（産生した総ATPは38分子）これが呼吸の生化学的意義である
1分子のグルコースが解糖系→クエン酸回路→電子伝達系を経て完全に酸化されるとき，最終的に何と何になるか？	（㊳　　　）と（㊴　）になる $C_6H_{12}O_6$（グルコース）$+6O_2 \rightarrow 6CO_2 + 6H_2O$ これをみると，グルコース代謝とはグルコースの体内での緩やかな燃焼といえる

表2 グルコースが完全に酸化されたときのATPの数

解糖系			
	解糖系でできるATPは？	4分子	+4ATP
	解糖系で消費されるATPは？	2分子	−2ATP
	解糖系でできた2分子のNADHは，グリセロールリン酸シャトルという経路でミトコンドリアに入り，2分子のFADH$_2$となる	1分子のFADH$_2$からは2分子のATPだから 2分子のFADH$_2$からは 　　2×2×ATP	+4ATP
クエン酸回路と電子伝達系			
	ピルビン酸がミトコンドリアのなかでアセチルCoAになるときNADHを生じ，電子伝達系に入る	グルコースからは2分子のピルビン酸ができるのでNADHも2分子できる 　　2×3×ATP	+6ATP
	クエン酸回路で3分子のNADHが生じ，電子伝達系に入る	グルコース1分子を酸化するのにクエン酸回路は2回転する クエン酸回路1回転でできるNADHは3分子 NADH1分子からは3分子のATP 　　2×3×3×ATP	+18ATP
	クエン酸回路で1分子のFADH$_2$が生じ，電子伝達系に入る	グルコース1分子を酸化するのにクエン酸回路は2回転する クエン酸回路1回転でできるFADH$_2$は1分子 FADH$_2$1分子からは2分子のATP 　　2×1×2×ATP	+4ATP
	クエン酸回路で1分子のGTPができる	グルコース1分子を酸化するのにクエン酸回路は2回転する GTPはATPと等価と考えて 　　2×ATP	+2ATP
収支		産生した総ATP−消費したATP ＝38ATP−2ATP	(㊳　) ATP

ヒトの呼吸の場合；C$_6$H$_{12}$O$_6$＋6O$_2$→6CO$_2$＋6H$_2$O＋36ATP
グルコースが燃焼した場合；C$_6$H$_{12}$O$_6$＋6O$_2$→6CO$_2$＋6H$_2$O＋熱＋光

血糖の調節

血糖値を低下させるメカニズム

血糖を低下させるホルモンは人体中にいくつあるか？また名称を挙げよ	1つのみ (⁸¹　　　　　)である
どこから分泌されるか？	膵臓ランゲルハンス島の(⁸²　)細胞から分泌
インスリンが血糖を低下させるのは具体的にはどのような作用をするのか？2つ挙げよ	①肝臓で(⁸³　　　)（グルコースの分解）の促進 ②肝臓で(⁸⁴　　　　　)の合成促進
解糖系においてインスリンが作用する酵素は何か？	インスリンはグルコースをグルコース6-リン酸に変換する(⁸⁵　　　　　)の反応を促進する

血糖値を上昇させるメカニズム

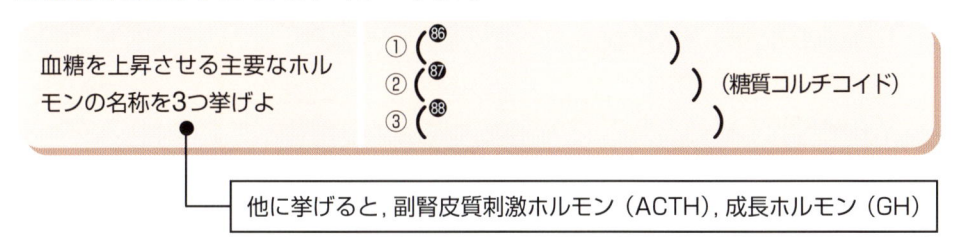

血糖を上昇させる主要なホルモンの名称を3つ挙げよ	①(⁸⁶　　　　　　　) ②(⁸⁷　　　　　　　)（糖質コルチコイド） ③(⁸⁸　　　　　　　)

他に挙げると，副腎皮質刺激ホルモン（ACTH），成長ホルモン（GH）

まとめ

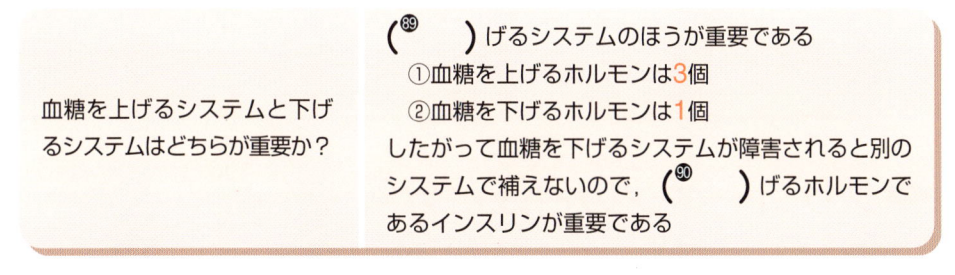

血糖を上げるシステムと下げるシステムはどちらが重要か？	(⁸⁹　)げるシステムのほうが重要である ①血糖を上げるホルモンは3個 ②血糖を下げるホルモンは1個 したがって血糖を下げるシステムが障害されると別のシステムで補えないので，(⁹⁰　)げるホルモンであるインスリンが重要である

糖新生 （図6参照）

糖新生とは？	グリセロール・乳酸・アミノ酸など糖質以外のものからグルコースを生成すること
グルコースしかエネルギー源として利用できない細胞・組織は？	赤血球と（⑨¹　）グルコースが供給されないと生命の危機である
空腹時の血糖値はどのように維持されているか？	肝臓のグリコーゲン分解による血糖の補給は20時間程度と限りがある 通常は，肝臓で（⑨²　）によって全身にグルコースを供給している
糖新生とは解糖系の逆経路か？	違う 完全に同じではないことに注意
糖新生の経路のなかで解糖系と異なる重要な部分は？（図6参照）	糖新生ではピルビン酸からホスホエノールピルビン酸へは直接逆に進めないため，図6のⓐ,ⓑを通る回り道をする ピルビン酸からホスホエノールピルビン酸を生じるには，ピルビン酸が（⑨³　）のなかでオキサロ酢酸やリンゴ酸などを経由して，さらに細胞質でオキサロ酢酸となる数段階の反応が必要である この部分は解糖系では，ピルビン酸キナーゼによってホスホエノールピルビン酸からピルビン酸のできる1段階の反応である
乳酸回路（コリ回路）とは？	筋肉で発生した（⑨⁴　）を血液中に放出して，肝臓で（⑨⁵　）に変換して再び筋肉にエネルギー源としてグルコースを与える回路である

グリコーゲンの合成と分解 （図7参照）

グリコーゲンの合成がおもに行われる場所は？	グリコーゲン合成はほとんどの細胞で行われるが，おもな合成場所は（⑨⁶　）と（⑨⁷　）である
グリコーゲンを合成する酵素名は？	グリコーゲン合成酵素（グリコーゲンシンターゼ）である
グリコーゲンを分解する酵素名は？	グリコーゲンホスホリラーゼである

肝臓と筋肉のグリコーゲンの役割は同じか？	違う．肝臓グリコーゲンは血糖が（㊘　　　）したときの血糖レベルの維持に使われる 筋肉グリコーゲンは血糖レベルの維持作用はなく，筋肉のエネルギー源として使用される
なぜ筋肉はグリコーゲンから血糖を補給する作用がないのか？	筋肉にはグルコース6-リン酸からグルコースに変換する酵素（グルコース6-ホスファターゼ）がないため，グルコースをつくれないからである（図7参照）
図7のUTP，UDPとは何か？	高エネルギー化合物の一種である

図6 糖新生の経路

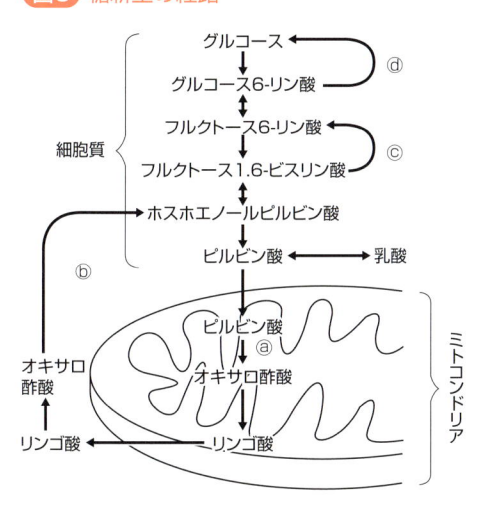

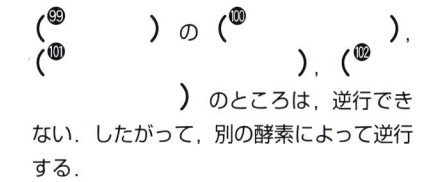

（�99　　）の（㊙100　　），（㊙101　　），（㊙102　　）のところは，逆行できない．したがって，別の酵素によって逆行する．

ⓐ	ピルビン酸カルボキシラーゼ
ⓑ	ホスホエノールピルビン酸カルボキシキナーゼ
ⓒ	フルクトース1,6-ビスホスファターゼ
ⓓ	グルコース6-ホスファターゼ

図7 グリコーゲンの代謝

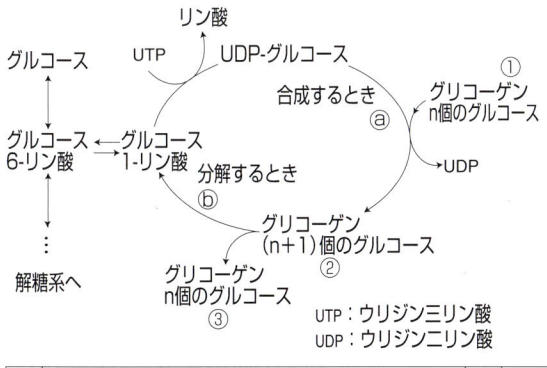

グルコースは直接，結合してグリコーゲンになるのではなく，グルコース6-リン酸からグルコース1-リン酸となり，（㊙103　　）となってグリコーゲンの前駆体①にグルコースを1個渡し，グルコースの1個増えたグリコーゲン②となる．分解されるときは，グルコースは1個外れてグルコース1-リン酸となり，グリコーゲンは③となる．

UTP：ウリジン三リン酸
UDP：ウリジン二リン酸

ⓐ（㊙104　　　　　　　　　　）	ⓑ（㊙105　　　　　　　　　　）

糖尿病

> 覚えること

英語の病名は？	Diabetes Mellitus (DM) ディアベテス　メリタス
分類は？ （図8参照）	大きく2つに分けられる ①インスリン依存型糖尿病（1型糖尿病） 　Insulin dependent diabetes mellitus (IDDM) ②インスリン非依存型糖尿病（2型糖尿病） 　Non-insulin dependent diabetes mellitus (NIDDM)
糖尿病の根本原因は？	インスリンの量的あるいは質的不足 インスリンの量的不足はインスリンの分泌障害を指す 質的不足はインスリン受容体異常によりインスリンの作用が低下した状態を指す（インスリンがあっても効かない）
糖尿病の基本的病態は？	血糖値調節の異常 脂質・タンパク質・糖・水・電解質といった代謝全般の異常 糖の利用が低下し，脂質が過剰に消費され，アセチルCoAからケトン体が多量につくられ，ケトアシドーシスになる 重要なのは単に血糖の異常にとどまらず，代謝全般が異常になる点である
糖尿病患者にあらわれる症状を4つ挙げよ	①口渇　　②多飲　　③多尿　　④体重減少
健常人では尿糖は出ない．これは正しいか？	正しくない 健常人でも尿糖は出ることがある．それは血糖値がある値を超えると腎臓で再吸収できないため尿糖が陽性となるので，健常人であっても尿糖は陽性となる場合がある
腎臓がグルコースを再吸収する上限の値を何というか？	腎の糖閾値（いきち）
糖閾値（または腎閾値）とは？	尿糖は血糖と腎尿細管の再吸収量で決まり，正常ではこの値は170〜180mg/dLである
空腹時血糖値とは？	空腹時血糖値とは，前夜から10時間以上絶食し（飲水は可），朝食前に測定したものをいう．糖尿病は血糖値の異常であるが，血糖値が食事の影響を受けるため，正確な空腹時血糖値を得ることは難しい．食事の影響を受けない血糖値の指標としてHbA1c（ヘモグロビンエーワンシー）がある

II　物質代謝とエネルギー代謝

HbA1c（ヘモグロビンエーワンシー）とは？	高血糖状態が長期間続くと，血管内の余分なグルコースは体内のタンパク質に結合する．これを糖化（グリケーション）といい，赤血球のタンパク質であるヘモグロビン（Hb）とグルコースが結合したものの総称をグリコヘモグロビンという．このグリコヘモグロビンは何種類かあるが，糖尿病と密接な関係を示すのがHbA1cである 赤血球の寿命はおよそ120日（4か月）で，赤血球中のヘモグロビンには，血糖値に比例してグルコースが結合したヘモグロビンであるHbA1cが生じることになる．血液中のHbA1c値は，赤血球の寿命の約半分に当たる期間，つまり採血日から1〜2か月間の血糖の状態を推測する指標として使用されている
75g経口糖負荷試験とは？ （図8参照）	75gのグルコースを含む水溶液を被験者に飲んでもらい，飲む前と，飲んだ後30分，60分，120分の血糖値を測定する 経口糖負荷試験は英語では oral glucose tolerance test といい，OGTTと略される

図8 75g糖負荷試験の判定基準

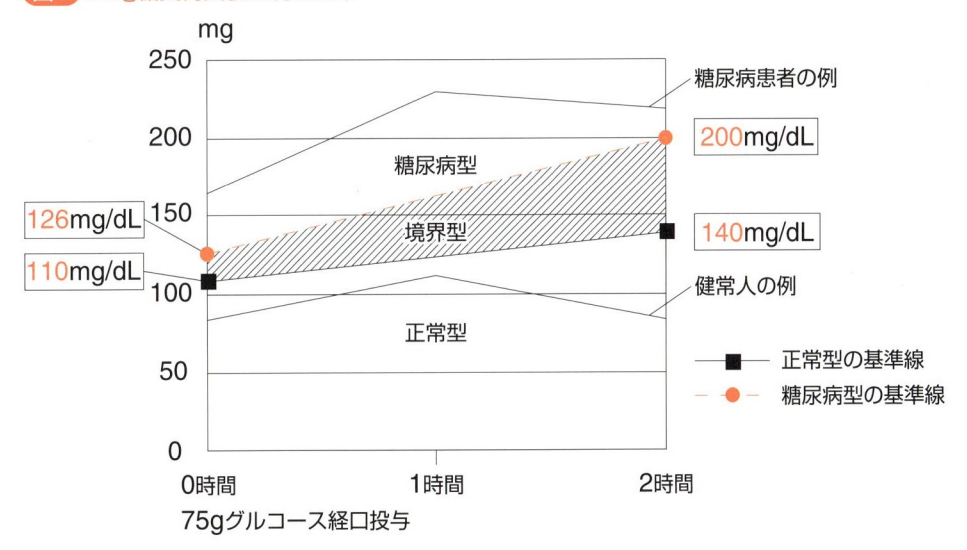

2 タンパク質の消化・吸収と代謝

● タンパク質の消化と吸収

タンパク質が糖質・脂質と大きく異なる点は何か？		大きく異なっているのは（❶　　　）を含んでいることである
		タンパク質は重量で約（❷　　　）％の窒素を含んでいる
窒素平衡とは何か？		食物から摂取された（❸　　　）量と尿中に排泄された（❹　　　）量の差のことである
		取り込んだタンパク質量と分解されたタンパク質量の比率ということである
		ふつう，健常成人では摂取窒素量と排泄窒素量は同じであり，窒素平衡は（❺　　　）である
窒素平衡が正とはどのような状態か？		成長期の子どもや妊婦など体内にタンパク質が蓄えられつつある状態では，タンパク質の代謝は平衡に保たれ窒素平衡は正となる
窒素平衡が負とはどのような状態か？		癌や慢性感染性疾患（結核，梅毒など）などの消耗性疾患や飢餓状態では体からタンパク質が失われるので，窒素平衡は負となる
タンパク質の消化の概略（表1参照）	1　胃での消化	胃で塩酸とペプシンによる部分的加水分解（表2，3参照）
	2　小腸での消化	腸でトリプシンやペプチダーゼ（ペプチド加水分解酵素）によってオリゴペプチドにまで分解される
タンパク質消化酵素はなぜ前駆体で分泌されるのか？		タンパク質消化酵素は自分の細胞，組織を消化するおそれがあるため，前駆体（実際に働く一歩手前の状態）としてつくられ貯蔵されている
		細胞から分泌されたあと，実際に働くかたちとなる

HbA1c（ヘモグロビンエーワンシー）とは？	高血糖状態が長期間続くと，血管内の余分なグルコースは体内のタンパク質に結合する．これを糖化（グリケーション）といい，赤血球のタンパク質であるヘモグロビン（Hb）とグルコースが結合したものの総称をグリコヘモグロビンという．このグリコヘモグロビンは何種類かあるが，糖尿病と密接な関係を示すのがHbA1cである 赤血球の寿命はおよそ120日（4か月）で，赤血球中のヘモグロビンには，血糖値に比例してグルコースが結合したヘモグロビンであるHbA1cが生じることになる．血液中のHbA1c値は，赤血球の寿命の約半分に当たる期間，つまり採血日から1〜2か月間の血糖の状態を推測する指標として使用されている
75g経口糖負荷試験とは？ （図8参照）	75gのグルコースを含む水溶液を被験者に飲んでもらい，飲む前と，飲んだ後30分，60分，120分の血糖値を測定する 経口糖負荷試験は英語では oral glucose tolerance test といい，OGTTと略される

図8 75g糖負荷試験の判定基準

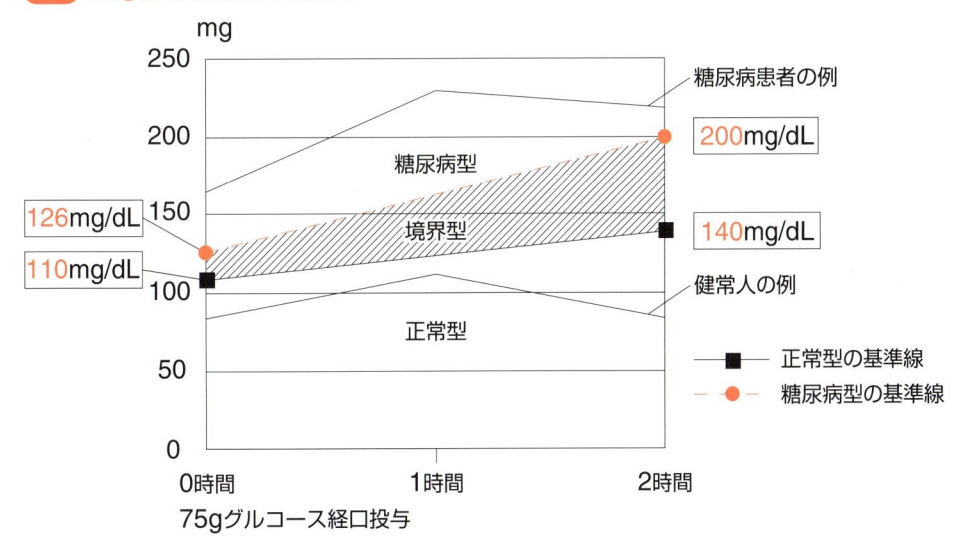

1 糖の消化・吸収と代謝

2 タンパク質の消化・吸収と代謝

タンパク質の消化と吸収

タンパク質が糖質・脂質と大きく異なる点は何か？		大きく異なっているのは（❶　　　）を含んでいることである	
		タンパク質は重量で約（❷　　　）%の窒素を含んでいる	
窒素平衡とは何か？		食物から摂取された（❸　　　）量と尿中に排泄された（❹　　　）量の差のことである	
		取り込んだタンパク質量と分解されたタンパク質量の比率ということである	
		ふつう，健常成人では摂取窒素量と排泄窒素量は同じであり，窒素平衡は（❺　　　）である	
窒素平衡が正とはどのような状態か？		成長期の子どもや妊婦など体内にタンパク質が蓄えられつつある状態では，タンパク質の代謝は平衡に保たれ窒素平衡は正となる	
窒素平衡が負とはどのような状態か？		癌や慢性感染性疾患（結核，梅毒など）などの消耗性疾患や飢餓状態では体からタンパク質が失われるので，窒素平衡は負となる	
タンパク質の消化の概略（表1参照）	1	胃での消化	胃で塩酸とペプシンによる部分的加水分解（表2, 3参照）
	2	小腸での消化	腸でトリプシンやペプチダーゼ（ペプチド加水分解酵素）によってオリゴペプチドにまで分解される
タンパク質消化酵素はなぜ前駆体で分泌されるのか？		タンパク質消化酵素は自分の細胞，組織を消化するおそれがあるため，前駆体（実際に働く一歩手前の状態）としてつくられ貯蔵されている	
		細胞から分泌されたあと，実際に働くかたちとなる	

胃液は塩酸で酸性であるが，十二指腸内も酸性か？	十二指腸内は（❻　　　）である 膵液の消化酵素の最適pHは（❼　　　）であり，酸性では働かない 胃液は酸性であるが，なぜ十二指腸では中性になるかというと，膵液中にはアルカリ性の（❽　　　）（重炭酸ナトリウム）が豊富に含まれており，胃液の酸性を中和するためである
タンパク質は小腸内で完全にアミノ酸に分解された状態でのみ小腸で吸収されるか？	アミノ酸だけが吸収されるのではない 小腸粘膜上皮細胞表面のアミノペプチダーゼやジペプチダーゼの作用によりアミノ酸，ジペプチド，オリゴペプチドにまで分解されたものが吸収され，小腸粘膜細胞内でペプチダーゼの作用で最終的にアミノ酸となる
吸収されたアミノ酸はどのように運ばれるのか？	小腸絨毛内の毛細血管から上腸間膜静脈を経由し，（❾　　　）を通り，そして肝臓に至る （表4参照）

表1 タンパク質消化酵素

分泌臓器	酵素	前駆体
胃	ペプシン	ペプシノーゲン
膵臓	トリプシン	トリプシノーゲン
膵臓	キモトリプシン	キモトリプシノーゲン
膵臓	エラスターゼ	プロエラスターゼ
膵臓	カルボキシペプチダーゼA，B	プロカルボキシペプチダーゼA，B

表2 胃におけるタンパク質の消化のしくみ

順番	分泌	詳細
1	ガストリン分泌	胃内に食物が入ると胃体部の(⑩　)細胞からホルモンの一種である(⑪　)が(⑫　)に分泌される
2	●塩酸分泌	ガストリンは胃底腺の壁細胞から塩酸HClを分泌させる この塩酸による酸性で胃内は約pH2となり，食物中のタンパク質は変性して，消化されやすくなる
3	ペプシンの分泌	胃の(⑬　)細胞から不活性型なペプシノーゲンとして分泌され，HClの働きで活性型(⑭　)になる これは胃自身を消化しないための工夫である ペプシンの最適pHは(⑮　)である

塩酸分泌の促進因子（迷走神経より分泌）
①ガストリン　②ヒスタミン　③アセチルコリン

表3 胃の細胞と分泌物の整理

細胞	分泌物
主細胞	ペプシン（ペプシノーゲン）
壁細胞	塩酸（胃酸）
副細胞	粘液
G細胞	(⑰　)

G細胞のGとは(⑯　)の頭文字のGのこと

表4 アミノ酸と脂肪の吸収の比較

順番	1	2	3	4	5
アミノ酸の吸収	小腸粘膜上皮細胞	絨毛内の毛細血管	(⑱　)静脈	(⑲　)	肝臓
脂肪の吸収	小腸粘膜上皮細胞	絨毛内のリンパ管（中心管）	胸管（太いリンパ管）	左鎖骨下静脈	大循環（全身へ）

アミノ酸の分解

吸収されたアミノ酸はタンパク質もしくはそれ以外の物質に利用されるが，アミノ酸が分解されるのはどのような状況か？	アミノ酸が分解されるのは次の場合である ①摂取アミノ酸がタンパク質合成の必要量を超えて過剰の場合 ②糖質や脂質からのエネルギー源が供給不足の場合

アミノ酸の分解の重要な代謝過程を5つ挙げよ

	代謝過程	生成物（できるもの）
1	(⑳　　　　　) 反応	α-ケト酸
2	(㉑　　　　　) 反応	アンモニア
3	アンモニアの代謝	(㉒　　　　　)
4	ケト酸の代謝	ATP
5	脱炭酸反応	アミン類

アミノ基転移反応はどのような反応か？	α-アミノ酸のアミノ基が，α-ケト酸に移動して，新しいアミノ酸とα-ケト酸ができる反応を触媒とする酵素群を総称してアミノトランスフェラーゼといい，この反応をアミノ基転移反応という （図1，2参照）
アミノ基転移反応の酵素名は何か？	(㉓　　　　　　　　　　　　) もしくはアミノトランスフェラーゼである この酵素はビタミン(㉔　　　) から生じるピリドキサールリン酸を補酵素とする
アミノ基転移反応におけるピリドキサールリン酸の役割は何か？	アミノ酸のアミノ基は，いったんトランスアミナーゼの(㉕　　　　　　) のピリドキサールリン酸に移動し，その後α-ケト酸にアミノ基を移動する アミノ基を中継する役割がある
α-ケト酸とは何か？	α-アミノ酸のα炭素のアミノ基が外れ，=Oに置き換わったものをα-ケト酸という 　化学式；RCOCOOH 特定の化合物の名称ではなく，総称である（図1参照）

		略号	正式名称	分布臓器
アミノ基転移酵素の代表的なものを2つ挙げよ（図2参照）また多く含まれる臓器を挙げよ	1	(㉖　　　) (AST)	グルタミン酸オキサロ酢酸トランスアミナーゼ（アスパラギン酸アミノ基転移酵素）	心臓，肝臓など広く分布している
	2	(㉗　　　) (ALT)	グルタミン酸ピルビン酸トランスアミナーゼ（アラニンアミノ基転移酵素）	おもに(㉘　　　)に分布

GOTとGPTの反応のα-ケト酸の名称を挙げよ（図2参照）	GOTの場合	(㉙　　　　　　　)	
	GPTの場合	(㉚　　　　　　　)	
GOTとGPTで共通している部分はどこか？（図2参照）	アミノ酸のアミノ基をα-ケトグルタル酸に移動し，α-ケトグルタル酸が(㉛　　　　　　　)になるところは共通である		
生じたグルタミン酸はどうなるか？（図3参照）	グルタミン酸は，酸化的脱アミノ反応によって，(㉜　　　　　　　)を離して(㉝　　　　　　　)となる		
まとめ アミノ酸からアンモニアが生じるとき，どのような反応があるか？	(㉞　　　　　　　)反応と(㉟　　　　　　　)反応の2つの反応を経てアンモニアは生じる		
アンモニアはどうなるのか？	体内で生じるアンモニアは有毒なので肝臓の(㊱　　　　　　　)回路で処理される		

図1 α-アミノ酸とα-ケト酸の比較

$$R-\underset{H}{\overset{NH_2}{C^*}}-COOH \qquad R-\overset{}{\underset{O}{C^*}}-COOH$$

α-アミノ酸　　　　　　　α-ケト酸　　　　　　＊はαの炭素を示す

図2 トランスアミナーゼ（GOT，GPT）の反応

この反応は条件によって左右どちらへも進む．

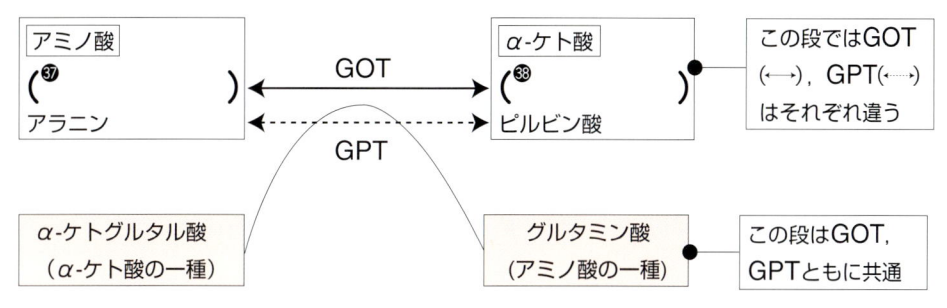

アミノ酸（㊲　）　⇔ GOT / GPT ⇔　α-ケト酸（㊳　）
アラニン　　　　　　　　　　　　　　　ピルビン酸

この段ではGOT（──），GPT（┅┅）はそれぞれ違う

α-ケトグルタル酸（α-ケト酸の一種）　　　グルタミン酸（アミノ酸の一種）

この段はGOT，GPTともに共通

GOT：グルタミン酸オキサロ酢酸トランスアミナーゼ
GPT：グルタミン酸ピルビン酢酸トランスアミナーゼ

図3 グルタミン酸の酸化的脱アミノ反応

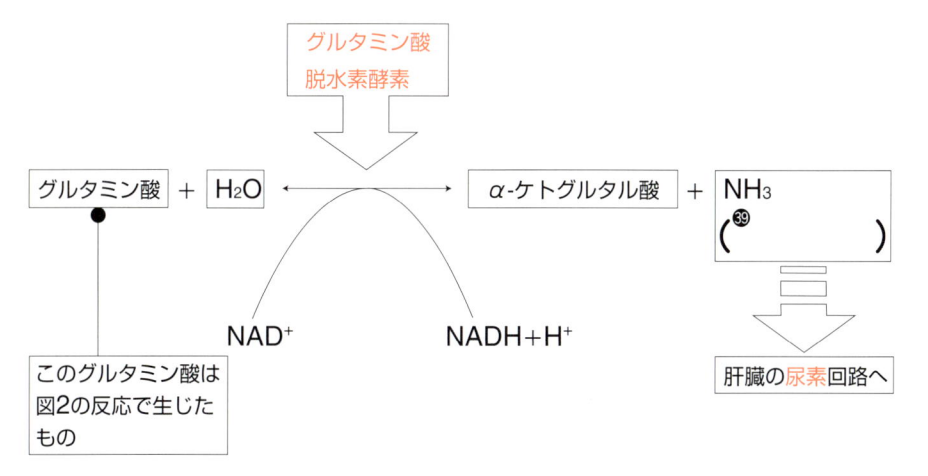

グルタミン酸脱水素酵素

グルタミン酸 + H_2O ⇔ α-ケトグルタル酸 + NH_3（㊴　）

NAD^+　　　$NADH + H^+$

このグルタミン酸は図2の反応で生じたもの

肝臓の尿素回路へ

アンモニアの代謝

血液中アンモニアはどこから発生してくるか？	アミノ酸の分解により，アミノ基が外れて生じる
アンモニアといえば尿を連想するが，尿のアンモニアは血液から排泄されたものか？	違う 血液中アンモニアは通常ごく微量であり，尿にはほとんど出ない 尿中アンモニアは血液からの排泄ではなく，尿細管の表面でグルタミンが分解されて生じる
血液中アンモニアはどこで，どのように処理されるか？	血液中アンモニアは（㊵　　　）の（㊶　　　）回路で中和され，（㊷　　　）となり尿中へ排泄されている（図4参照）
どのような場合に血液中アンモニアは増加するのか？	尿素回路の場である肝臓が重い障害を受けるとき，例えば肝硬変や肝癌末期の場合，血液中アンモニアは増加する
血液中アンモニアの増加はどのような症状を起こすか？	血液中アンモニアは，中枢神経毒性があり，昏睡症状を起こすので，肝性昏睡または肝性脳症という
尿素回路の別名は？	（㊸　　　　　　　）回路またはクレブス-ヘンゼライト回路
1モルの尿素を合成するために必要な材料を挙げよ	アンモニア，CO_2，アスパラギン酸がそれぞれ1モル，ATPは3モルが必要である（図5参照）
尿素回路は細胞内のどこで営まれるか？	カルバモイルリン酸の生成とオルニチン→シトルリンの反応は肝細胞のミトコンドリア内で，他は細胞質基質で営まれる（図5参照）
尿素には2つのアミノ基がついているが，両方ともアンモニアから来たものだろうか？	違う 尿素の2つのアミノ基のうち一方はアミノ酸の分解からのアンモニアに，もう一方は（㊹　　　　　　　）のアミノ基に由来している （図4参照）
血液中アンモニアにはもう1つ供給源がある．それはどこか？	腸管内で（㊺　　　　）の働きで食物が分解されてアンモニアが発生する このアンモニアが吸収されるので，通常でも門脈内のアンモニア濃度は高いが，肝臓で代謝されているので問題は生じない

図4 尿素の構造

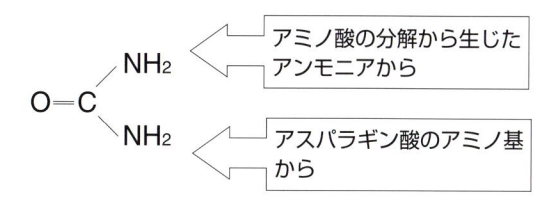

$$O=C\begin{cases}NH_2 \leftarrow \text{アミノ酸の分解から生じたアンモニアから}\\ NH_2 \leftarrow \text{アスパラギン酸のアミノ基から}\end{cases}$$

図5 尿素回路

タンパク質
↓
アミノ酸
↓
CO_2 + 2ATP + NH_3 ⇌ カルバモイルリン酸
→ Pi
→ シトルリン
← アスパラギン酸 ATP
→ AMP, PPi
アルギノコハク酸
→ フマル酸
アルギニン
H_2O
尿素 ←
オルニチン

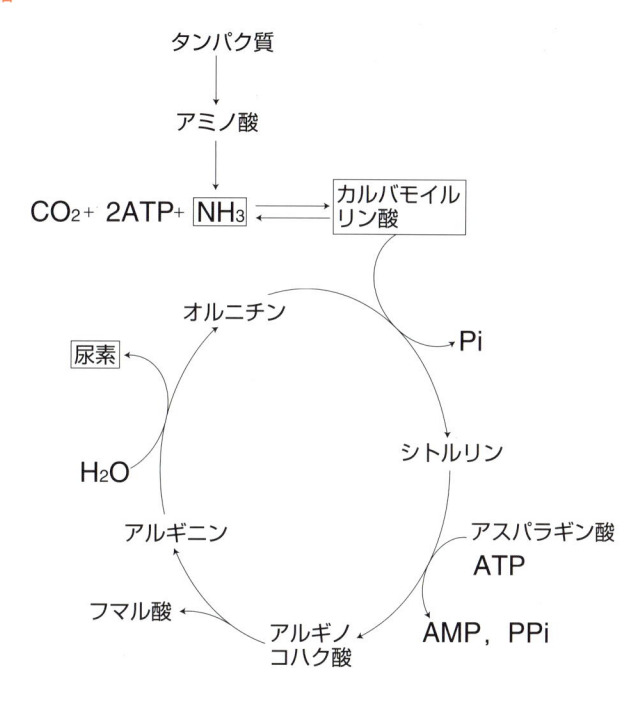

アミノ酸の利用と代謝

吸収されたアミノ酸はどのように利用されるか？おもな利用のされ方を4つ挙げよ	①タンパク質の合成● ②糖（グルコース）の合成 ③脂質の合成 ④タンパク質以外の窒素化合物の合成
アミノ酸がタンパク質の生合成に利用される場合の注意点は？	①合成には（㊻　　　　　）などのエネルギー供給が必要 ②必須アミノ酸が1種類でも欠乏すると，生合成は停滞するので，摂取するタンパク質の質が問題である

アミノ酸は三大栄養素の合成とその他の窒素化合物の合成に利用されると覚えよう

糖質へ利用されるアミノ酸にはどのようなものがあるか？	ロイシン，トリプトファン以外のアミノ酸はピルビン酸を生じるか，TCA回路に入ってグルコース合成（糖新生）に利用されるこれらのアミノ酸を（㊼　　　）アミノ酸というが，そのなかで最もグルコース産生力の高いのは（㊽　　　）である	
脂質へ利用されるアミノ酸にはどのようなものがあるか？	ロイシン，リシンはケトン体を生じて脂質合成に利用されるこれらのアミノ酸は（㊾　　　）アミノ酸と呼ばれる	
アミノ酸から誘導されるタンパク質以外の窒素化合物にはどのようなものがあるか？	●原料となるアミノ酸	合成される窒素化合物
	グルタミン酸	γ-アミノ酪酸（GABA）
	グリシン	（㊿　　　）・プリン塩基
	ヒスチジン	ヒスタミン
	トリプトファン	セロトニン・ニコチン酸
	アスパラギン酸	プリン塩基・ピリミジン塩基
	チロシン	（㋕　　　）・ノルアドレナリン・チロキシン・メラニン
	アルギニン	クレアチン（筋肉）

アミノ酸から合成される窒素化合物がいえるようにしよう

ここが重要！ チロシンから合成される化合物の名称は覚えよう

アミノ酸は，アミノ基を失ったα-ケト酸がどのように利用されるかによって，次のように分類される．

糖原性アミノ酸	アミノ基を失ったあと，（㋒　　　）になるもの（㋓　　　）では特にグルコース生成能力が高い
ケト原性アミノ酸	アミノ基を失ったあと，アセチルCoAを生じるものケトン体や脂肪酸の合成材料になる純粋なケト原性アミノ酸はロイシンとリシンである

確認事項

プリン塩基には何があるか？	アデニン，グアニン
ピリミジン塩基には何があるか？	シトシン，チミン，ウラシル

核酸塩基の合成（図6参照）

プリン塩基の材料となるアミノ酸は？	グリシン，グルタミン，アスパラギン酸
ピリミジン塩基の材料となるアミノ酸は？	アスパラギン酸，カルバモイルリン酸

図6 プリン塩基とピリミジン塩基の合成

プリン塩基とピリミジン塩基は核酸（DNA，RNA）を構成する塩基.

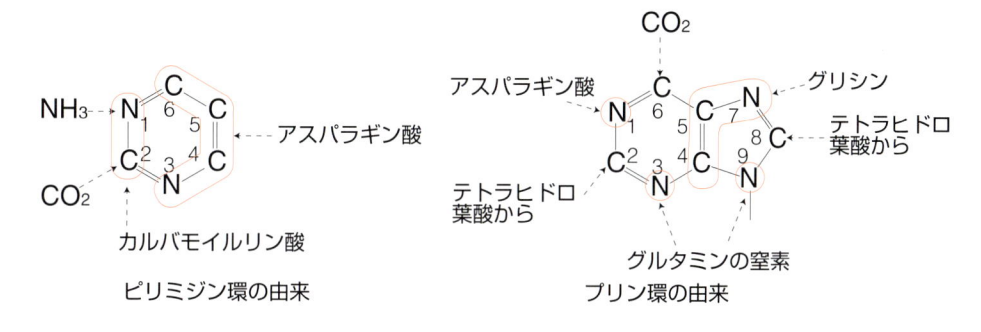

ピリミジン環の由来 / プリン環の由来

ポルフィリンの生成

ポルフィリンには具体的に生体のどのような成分があるか？	赤血球の（㊴　　　）や電子伝達系の（㊶　　　）をつくる分子がポルフィリン化合物の仲間である
ヘモグロビンのヘムの原料は何か？（図7参照）	（㊷　　　）と（㊸　　　）から生じたδ-アミノレブリン酸をもとに4個のピロール環（ポルフィリン）がつくられる
ヘムの構造的な特徴は何か？	4つのピロール環から成るポルフィリンの中央に二価の（㊹　　　）（Fe(Ⅱ)）があること

図7 ヘモグロビンの合成経路

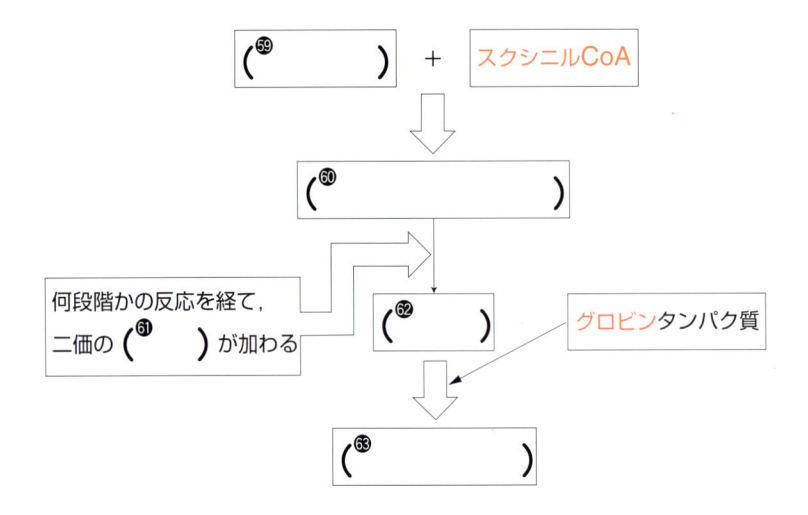

(⁵⁹) + スクシニルCoA
↓
(⁶⁰)
↓
何段階かの反応を経て，二価の(⁶¹)が加わる
↓
(⁶²) ← グロビンタンパク質
↓
(⁶³)

カテコールアミンの生成

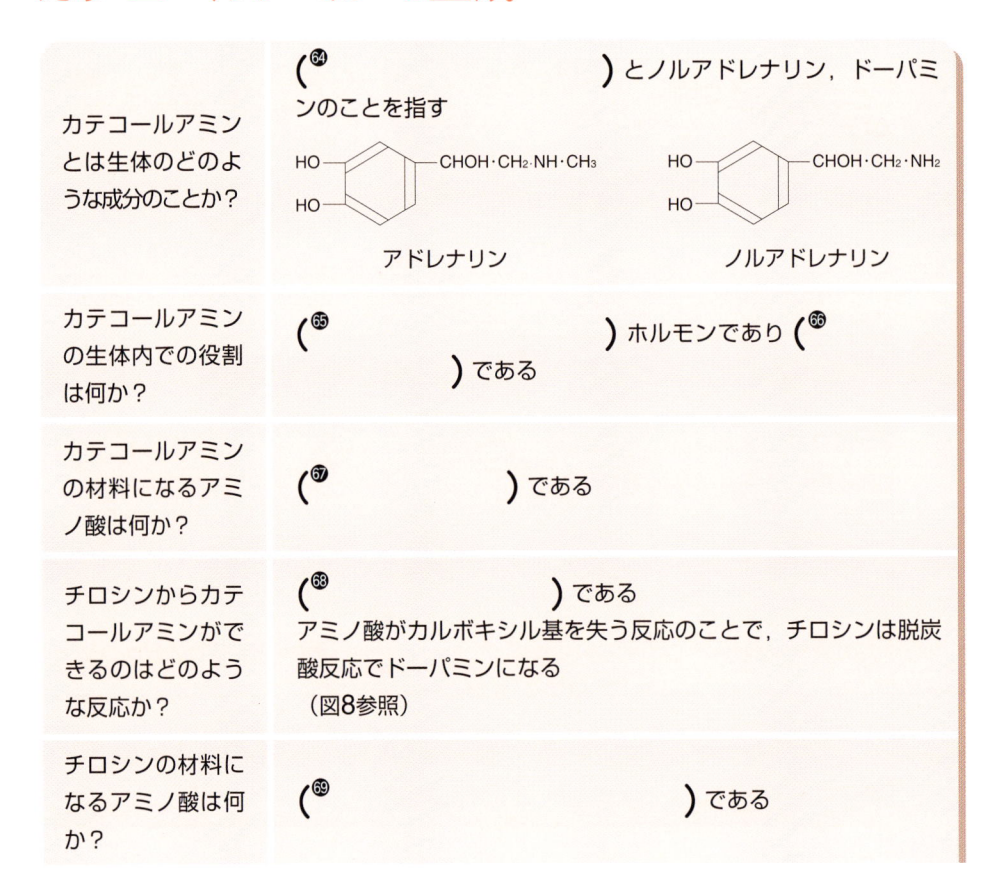

カテコールアミンとは生体のどのような成分のことか？	(⁶⁴)とノルアドレナリン，ドーパミンのことを指す アドレナリン　　　　　ノルアドレナリン
カテコールアミンの生体内での役割は何か？	(⁶⁵)ホルモンであり(⁶⁶)である
カテコールアミンの材料になるアミノ酸は何か？	(⁶⁷)である
チロシンからカテコールアミンができるのはどのような反応か？	(⁶⁸)である アミノ酸がカルボキシル基を失う反応のことで，チロシンは脱炭酸反応でドーパミンになる （図8参照）
チロシンの材料になるアミノ酸は何か？	(⁶⁹)である

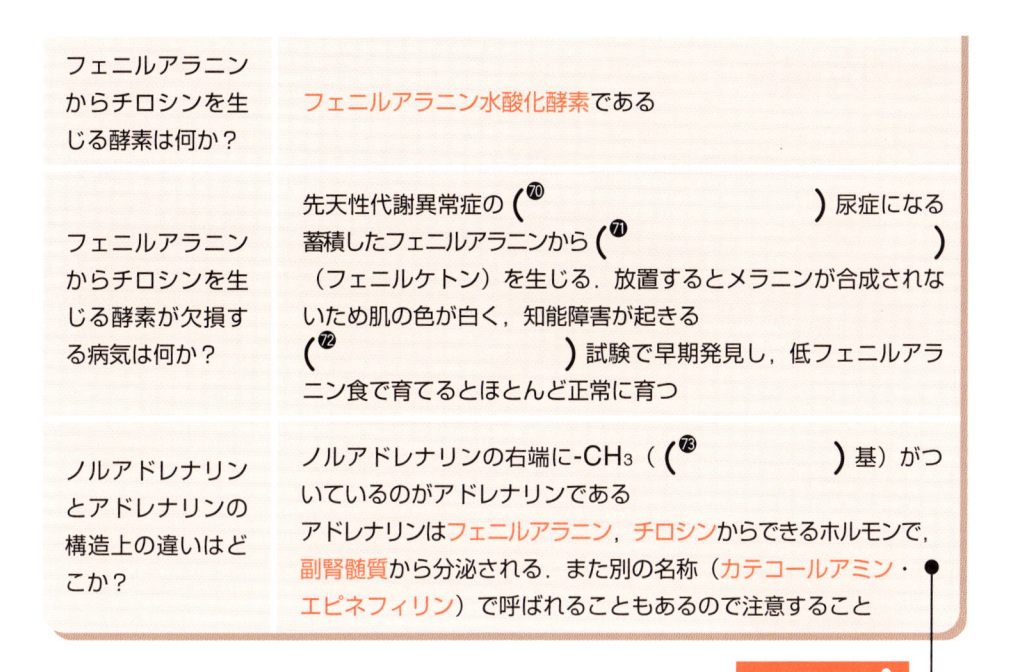

フェニルアラニンからチロシンを生じる酵素は何か？	フェニルアラニン水酸化酵素である
フェニルアラニンからチロシンを生じる酵素が欠損する病気は何か？	先天性代謝異常症の（⑦⓪　　　　　）尿症になる．蓄積したフェニルアラニンから（⑦①　　　　　）（フェニルケトン）を生じる．放置するとメラニンが合成されないため肌の色が白く，知能障害が起きる（⑦②　　　　　）試験で早期発見し，低フェニルアラニン食で育てるとほとんど正常に育つ
ノルアドレナリンとアドレナリンの構造上の違いはどこか？	ノルアドレナリンの右端に-CH_3（⑦③　　　　　基）がついているのがアドレナリンである．アドレナリンはフェニルアラニン，チロシンからできるホルモンで，副腎髄質から分泌される．また別の名称（カテコールアミン・エピネフリン）で呼ばれることもあるので注意すること

ここが重要！

図8　カテコールアミンの合成

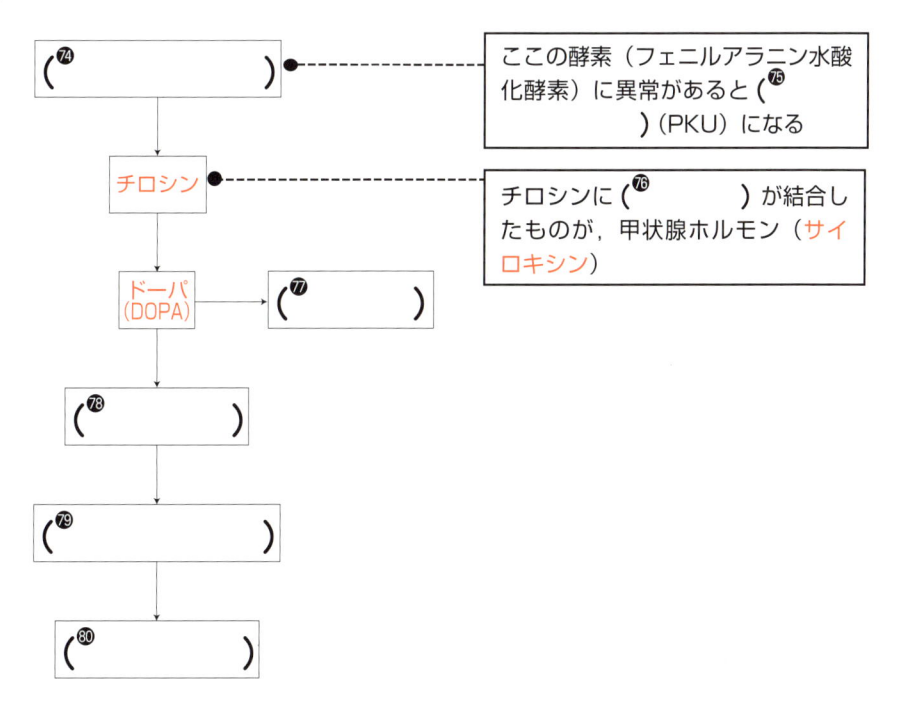

（⑦④　　　　　）　　――　ここの酵素（フェニルアラニン水酸化酵素）に異常があると（⑦⑤　　　　　）（PKU）になる

↓

チロシン　　――　チロシンに（⑦⑥　　　　　）が結合したものが，甲状腺ホルモン（サイロキシン）

↓

ドーパ（DOPA）　→　（⑦⑦　　　　　）

↓

（⑦⑧　　　　　）

↓

（⑦⑨　　　　　）

↓

（⑧⓪　　　　　）

脱炭酸反応

脱炭酸反応の別名は何か？	脱カルボキシル基反応である
何ができる反応か？	(⁸¹　　　) 類ができる
アミンとはどのような物質を指すか？	アミノ酸の (⁸²　　　　　) (-COOH) が外れたもの（図9参照）
アミノ酸からアミンはどのような酵素によって生じるか？	(⁸³　　　　　) 酵素であり，補酵素はピリドキサールリン酸である
アミンの生体内での意義は何か？	生体内のアミン類にはアドレナリン，ノルアドレナリン，ドーパミン，ヒスタミン，GABAがあり，これらは (⁸⁴　　　　　) である（P.74のアミノ酸から誘導されるタンパク質以外の窒素化合物を参照）

クレアチンとクレアチニン（図10, 表5参照）

クレアチンとクレアチニンはよく似た名前だが，同じものか？	違うものである
クレアチンとクレアチニンはどう違うのか？	クレアチニンはクレアチンから非酵素的に水分子がとれた（脱水した）ものである
クレアチンは何から合成されるか？	クレアチンはアルギニンとグリシンから合成され，腎臓でグアニジド酢酸になったのち，肝臓でクレアチンとなる
クレアチンの生理的意義は？	クレアチンは (⁸⁵　　　) のエネルギー供給と深く関連している クレアチンはクレアチンキナーゼ（CK）の作用によって高エネルギーリン酸化合物である (⁸⁶　　　　　) になる クレアチンリン酸は筋肉中に非常に多く含まれ，筋肉が収縮する際のエネルギー源となる クレアチンは腎糸球体を通過するが，尿細管で再吸収され，尿中にはほとんど排泄されない

| クレアチニンの生理的意義は？ | クレアチニンの意義は2つある
①クレアチニンはクレアチンリン酸から非酵素的に発生し，その量は筋肉量に比例する．したがって1日あたりの尿中クレアチニン排泄量を体重で割ったクレアチニン係数は男女差はあるが，ほぼ一定である
②クレアチニンは糸球体から濾過され再吸収されることなく尿中に排泄されるので，糸球体に異常がある場合は排泄されなくなり，(⁸⁷　　　)の障害の指標となる |

図9 脱炭酸反応によるアミンの生成

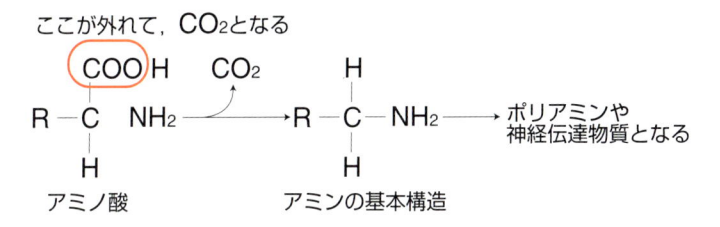

ここが外れて，CO_2となる

$$R-\underset{H}{\overset{\fbox{COOH}}{C}}-NH_2 \xrightarrow{CO_2} R-\underset{H}{\overset{H}{C}}-NH_2 \rightarrow ポリアミンや神経伝達物質となる$$

アミノ酸　　　　　　アミンの基本構造

図10 クレアチンとクレアチニンの生成

アルギニン＋グリシン　→　グアニジド酢酸（腎臓）
　　　　　　　　　　　　　↓ メチオニン（肝臓）
　　　　　　　　　　　クレアチン → 尿細管で再吸収されて尿へは出ない
　　　　　　　　　　CK ⟋ ATP
　　　　　　　　　　　 ⟍ ADP
尿中へ出る ← クレアチニン ← クレアチンリン酸
　　　　　　　　　　　非酵素的

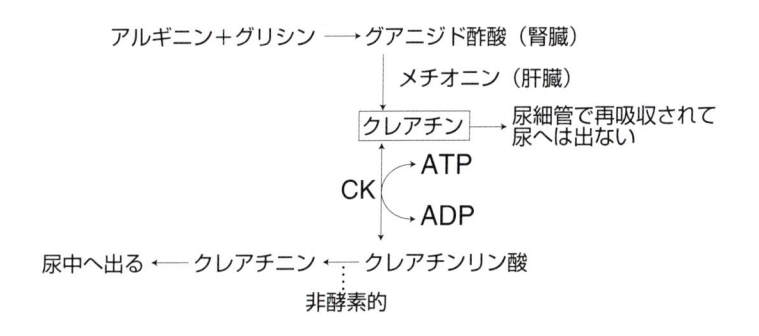

表5 血清クレアチニンの臨床的意義

血清クレアチニンの正常参考値	男　0.8〜1.2mg/dL 女　0.6〜0.9mg/dL　← この相違は筋肉量の差による 男＞女 幼少期は低く，成人に達するまで上昇
血清クレアチニン高値	糸球体濾過値（GFR）の低下する疾患……腎不全，腎疾患，心不全など
血清クレアチニン低値	筋ジストロフィー

3 脂質の消化・吸収と代謝

▶脂質の消化

食物から摂取する脂質の成分では何が多いか？	食物から摂取した脂質の99%は（❶　　　　　）（トリアシルグリセロール＝トリグリセライド）である
体内に貯蔵される脂質の成分では何が多いか？	体内に貯蔵される脂質の大部分も（❷　　　　　）である
血液中の脂質で多いのは何か？	血液中の脂質で最も多いのは（❸　　　　　）と（❹　　　　　　　　）である
中性脂肪の体内での役割は何か？	エネルギー貯蔵物質として重要である 3本の炭化水素鎖がエネルギーに利用される

必須脂肪酸を3つ挙げよ（復習）さらに各々の炭素の数と，2重結合の数を述べよ	名称	炭素の数	2重結合の数
	リノール酸	（❺　　）	（❻　　）
	リノレン酸	（❼　　）	（❽　　）
	アラキドン酸	（❾　　）	（❿　　）

脂質の消化・吸収に働く酵素

脂質消化酵素を分泌する臓器名は？	（⓫　　　　　）の外分泌腺である 酵素の詳細は表1，消化モデルについては図1，2，3参照
脂肪を含む水溶液に脂肪消化酵素をまぜると，脂肪は分解されるか？	一部分解されるが，水と脂肪が分離するため，非常に効率が悪い 脂肪は胆汁酸と脂肪消化酵素の共同作用で効率よく消化される （P.82の胆汁酸の役割を参照）

表1 膵臓から分泌される脂質消化酵素

酵素名	分泌臓器	役割
リパーゼ（図1参照）	膵臓	(⑫　　　　)（トリアシルグリセロール）を加水分解する 中性脂肪→モノアシルグリセロール＋2個の脂肪酸
コレステロール・エステラーゼ（図2参照）	膵臓	(⑬　　　　)を加水分解する (⑭　　　　)→(⑮　　　　) ＋ (⑯　　　　)
ホスホリパーゼ（図3参照）	膵臓	(⑰　　　　)を加水分解する．リン脂質→リゾレシチン＋脂肪酸

図1 中性脂肪消化のモデル

中性脂肪（トリアシルグリセロール） → リパーゼの作用 → モノアシルグリセロールと2本の脂肪酸

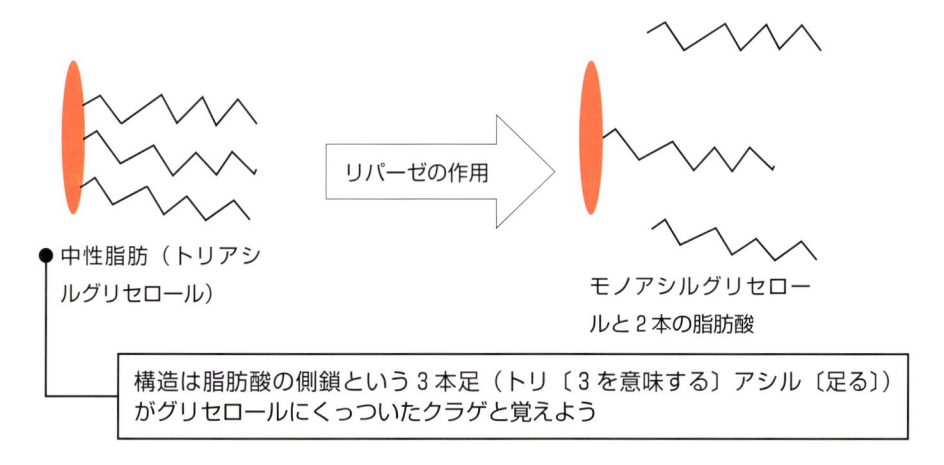

構造は脂肪酸の側鎖という3本足（トリ〔3を意味する〕アシル〔足る〕）がグリセロールにくっついたクラゲと覚えよう

図2 コレステロール・エステルの消化

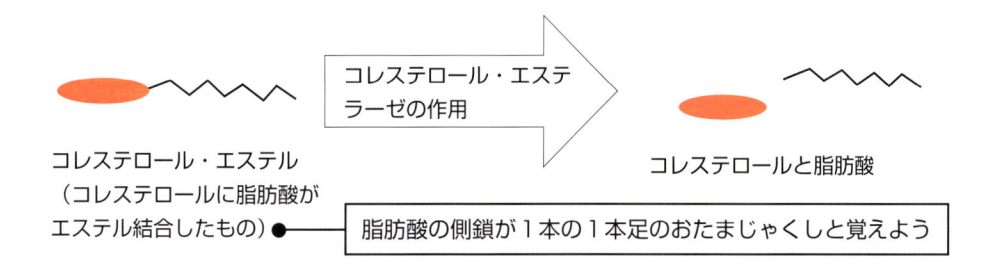

コレステロール・エステル（コレステロールに脂肪酸がエステル結合したもの） → コレステロール・エステラーゼの作用 → コレステロールと脂肪酸

脂肪酸の側鎖が1本の1本足のおたまじゃくしと覚えよう

図3 リン脂質消化のモデル

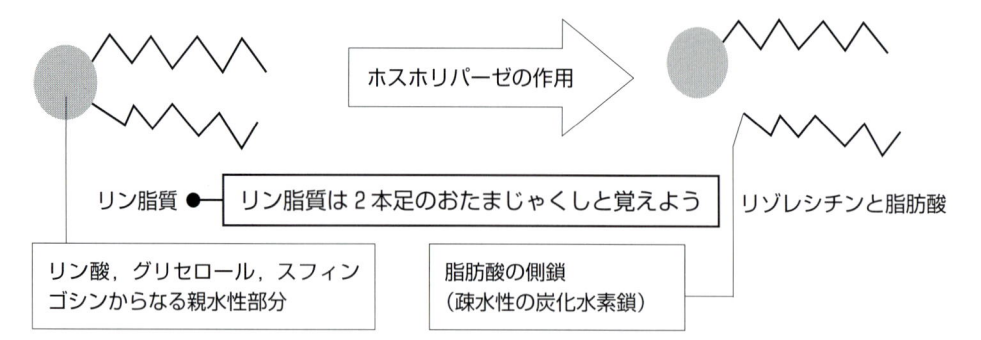

ホスホリパーゼの作用

リン脂質 ● ─[リン脂質は2本足のおたまじゃくしと覚えよう]─ リゾレシチンと脂肪酸

リン酸，グリセロール，スフィンゴシンからなる親水性部分

脂肪酸の側鎖（疎水性の炭化水素鎖）

胆汁酸の役割

胆汁酸の合成される臓器は？	(⑱　　　)である
胆汁酸の原料は何か？	(⑲　　　　　　　　)である
胆汁酸が分泌される場所は？	総胆管を通じて(⑳　　　　　)乳頭（十二指腸乳頭）より十二指腸に分泌される
胆囊の役割は何か？	胆汁の濃縮と貯蔵
胆汁酸の役割は何か？	脂肪を(㉑　　　)し，水になじみやすくして脂肪の消化と吸収をよくする 胆汁酸には界面活性剤の役割があり，脂質と胆汁酸がまじり合って(㉒　　　　)（脂肪滴）という細かな粒子をつくり，消化酵素の働きを助ける

コレステロール・エステル（図2参照）

コレステロール・エステルとは？	コレステロールは(㉓　　　　　　　)の一種であり，-OHをもっている．この-OHが脂肪酸と(㉔　　　　　)結合しているものをコレステロール・エステル，またはエステル型コレステロールという．これに対して，脂肪酸が結合していないコレステロールを非エステル型コレステロール，または遊離型コレステロールという エステル型と非エステル型どちらも水に溶けにくく，血液中ではリポタンパク質のなかに含まれている
総コレステロールとは？	エステル型と非エステル型（遊離型）のコレステロールの(㉕　　)である
血液中でエステル型と遊離型はどちらが多いか？	通常，エステル型70%，遊離型30%で(㉖　　　　)が多い

●脂質の吸収

消化された脂質が吸収されるのはどこか？	小腸の（㉗　　　　　　）細胞である
消化された脂質は糖やアミノ酸と同じように血液に吸収されるのか？	違う 食物に多く含まれる炭素の鎖の長い脂肪酸（長鎖脂肪酸）は絨毛の中心部にある（㉘　　　　　　）から吸収される 炭素の鎖の短い脂肪酸（短鎖脂肪酸）は絨毛の毛細血管から血液に吸収される（図4参照）
炭素の鎖の長い脂肪酸（長鎖脂肪酸）の吸収の特色を述べよ	中性脂肪がリパーゼで分解されて生じた長鎖脂肪酸は，小腸粘膜上皮でモノアシルグリセロールと結合して再び中性脂肪となる．この中性脂肪がリン脂質やアポリポタンパク質とともに（㉙　　　　　　）またはカイロミクロン（chylomicron）という脂肪球を形成し，中性脂肪を運搬する（表2参照） キロミクロン粒子は血管ではなく，絨毛の中心部にある（㉚　　　　　）に入り（㉛　　　　　）を経て（㉜　　　　　　）静脈へ開口して大循環へ入る（図4参照）
乳ビとはどのような状態のことか？	食後，脂肪が吸収されるとキロミクロンが増加し，リンパ管を通じて血液に出てくる．このため血清は白く濁っている．この血清の白濁のことを（㉝　　　　　）という．これは（㉞　　　　　　　　）の白い粒子が急激に増加したため肉眼でみえているのである（表2参照）
乳ビは30分から1時間経過すると消えるが，なぜか？	キロミクロンは（㉟　　　　　　　　　　）（LPL，清澄因子）という酵素の働きによって，粒子のなかの脂肪が加水分解されて脂肪酸とグリセロールになり，乳ビは消える（表3参照）
炭素の鎖の短い脂肪酸（短鎖脂肪酸）は血液に吸収される際，血液に溶けて運搬されるのか？	短鎖脂肪酸は，砂糖が水に溶けるように単純に血液に溶けているのではない 短鎖脂肪酸も長鎖脂肪酸ほどではないが，水になじみにくいので，血液中では（㊱　　　　　　）というタンパク質に結合して血液中を移動している

> 短鎖脂肪酸は血液中ではアルブミンという乗り物に乗っていると覚えよう

図4 小腸絨毛の構造

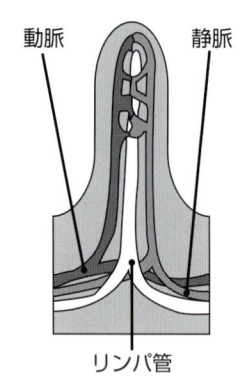

動脈　静脈

リンパ管

小腸の絨毛のなかには毛細血管とリンパ管（中心管）の2種類の管が入っている．
血管は糖とアミノ酸，短鎖・中鎖脂肪を運び，リンパ管は長鎖脂肪酸を取り込んだキロミクロンを運ぶ．

表2 キロミクロンの形成と移動

小腸内腔	小腸粘膜上皮		リンパ管
食物の中性脂肪がリパーゼで消化される	中性脂肪（小腸粘膜上皮内で再合成される）	これらが集まって（㊳）となる	食後，キロミクロンはリンパ管内に急激に上昇するリンパ管から静脈を経て大循環に入る（㊴　）はこうして血清中にキロミクロンが増加した状態をいう
食物中のコレステロール・エステルがコレステロール・エステラーゼで消化される	コレステロール		
食物中のリン脂質がホスホリパーゼで消化される	リン脂質（小腸粘膜上皮内で再合成される）		
	（㊲　　　）		

表3 いろいろなリパーゼのまとめ

名称	分布	作用
リパーゼ	膵臓	食物中の中性脂肪を分解する
リポタンパク質リパーゼ（LPL）	血管内皮細胞	キロミクロンに作用し，含まれる中性脂肪を分解する　乳ビが消える
ホルモン感受性リパーゼ	脂肪細胞	アドレナリンやグルカゴンの作用で活性化され脂肪細胞内の中性脂肪を分解し，血液中にエネルギー源としての脂肪酸を供給する

脂肪酸の代謝

グルコースと比較して脂肪酸代謝の意義は何か？	脂肪酸の側鎖（炭化水素鎖）もグルコースと同じように炭素の鎖であり，(⑩　　　　　　　　)となる 脳を除く多くの組織で，安静時にはエネルギーの必要量の半分以上は脂肪酸の代謝でまかなわれている
天然の脂肪酸の特徴を述べよ（復習）	炭素鎖は直鎖状，炭素数は偶数個（特に18個）のものが多く，最も端の炭素が(㊶　　　　　　)基である

β酸化 （図5参照）

β酸化とは何が酸化されるのか？	(㊷　　　　　　)である
β酸化の行われる場所はどこか？	(㊸　　　　　　　　　　　)のマトリクスである
脂肪酸はミトコンドリアにそのまま入れるのか？	まず，ミトコンドリア外膜を通過するのに(㊹　　　　　　　)に変化しないと通過できない ミトコンドリア内膜はカルニチンと結合して(㊺　　　　　　　)に変化しないと通過できない ミトコンドリアの内部で再びアシルCoAとなってβ酸化される（図5参照）
β酸化のβ（ベータ）とは何のことか？	脂肪酸のカルボキシル基の炭素原子に隣接する炭素原子をα位，次をβ位，その次をγ位と呼ぶ．この炭素の(㊻　　　　)を指している
右の文はβ酸化をまとめたものである 空欄を埋めよ	脂肪酸の(㊼　　)位のところが酸化を受け，そこで炭素の鎖が切れて，炭素原子の(㊽　　)個少ない脂肪酸と，炭素原子を(㊾　　)個もつアセチルCoAとに分かれるのが，(㊿　　)酸化である できたアセチルCoAはグルコースと同様に(51　　　　)回路に入る
β酸化があるのならα酸化はあるか？	ある α，β，ω酸化があるが，脂肪酸代謝で重要なのはβ酸化である

3　脂質の消化・吸収と代謝

β酸化のまとめ（図5参照）

β酸化の行われる場所はどこか？	ミトコンドリアのマトリクス
1回のβ酸化でできるアセチルCoAとATPの分子はいくつか？	1回のβ酸化でアセチルCoA（52　　）分子とATP（53　　）分子を生じる
β酸化でできたアセチルCoAはクエン酸回路に入るが，そこから生じるATPの分子はいくつか？	アセチルCoA1分子からクエン酸回路，呼吸鎖を経過してATP（54　　）分子を生じる

β酸化とケトン体

エネルギーの産生効率のよいβ酸化だが，いいことばかりか？	アセチルCoAがたくさんつくられるが，あまり多くつくられると一部クエン酸回路で利用されず（55　　　　　）になるものがある
ケトン体とは？	ケトン体には次のものがある ①アセト酢酸　②βヒドロキシ酪酸 ③アセトン
ケトン体が増えると，何が困るのか？	ケトン体の（56　　　　）は強いため，血液の酸性度が高まる ケトン体が増加して血液の酸性度が高まった状態を（57　　　　　）または（58　　　　　）という
糖尿病は糖（グルコース）代謝の異常である．糖尿病患者はケトアシドーシスでしばしば昏睡を起こし危険な状態となるが，なぜ糖の異常で脂肪酸の代謝異常であるケトアシドーシスが起きるのか？	細胞内ではエネルギー源である（59　　　　　）が欠乏するので，脂肪酸の利用が高まる．β酸化で多くのアセチルCoAがつくられ，クエン酸回路で処理しきれない結果，血中にケトン体が増加する

「ケトン（体で）死す」と覚えよう

糖尿病は細胞内にグルコースが取り込めず，血中にグルコースが増加した状態である

図5 β酸化

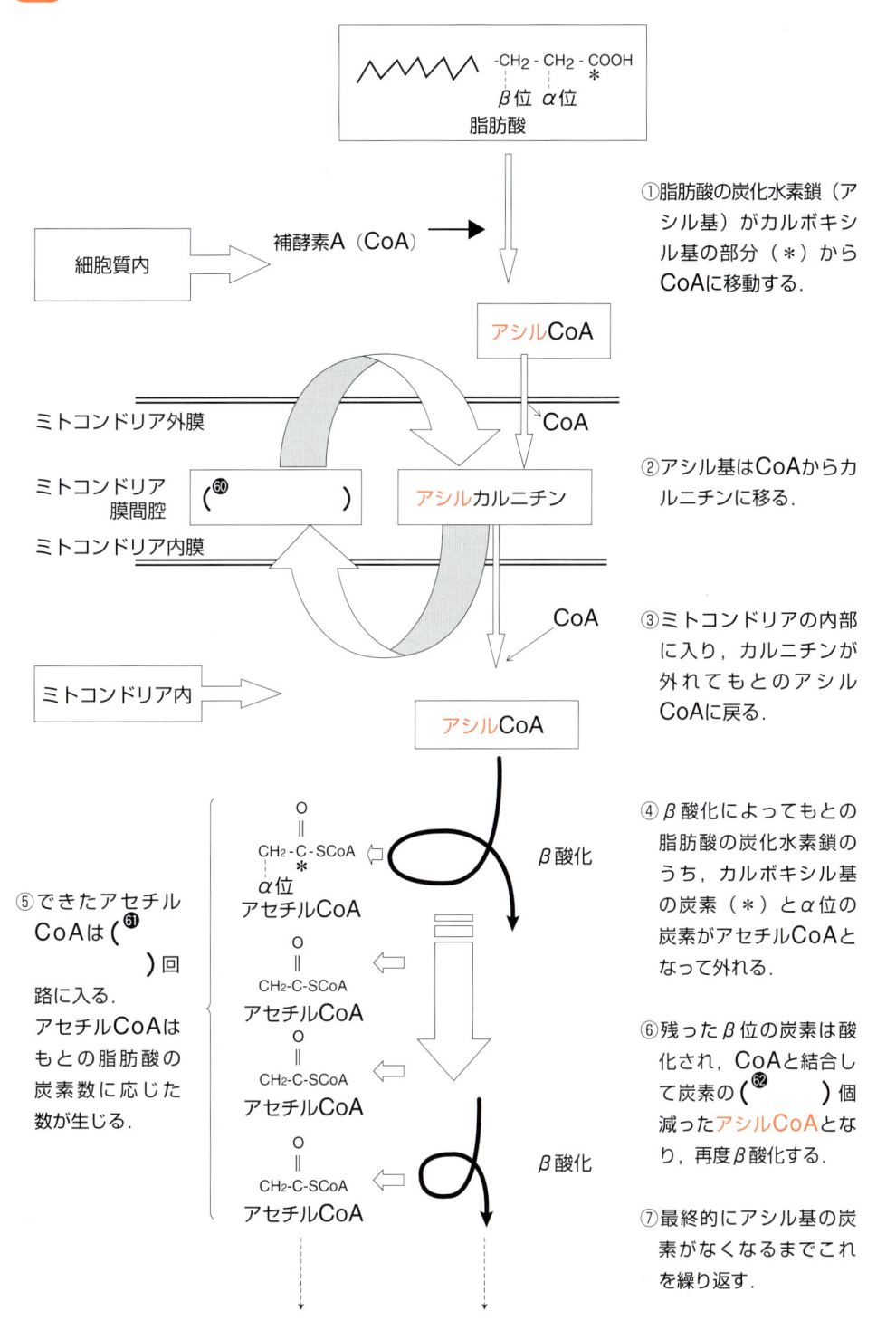

脂肪酸

①脂肪酸の炭化水素鎖（アシル基）がカルボキシル基の部分（＊）からCoAに移動する．

細胞質内 → 補酵素A（CoA）

アシルCoA

ミトコンドリア外膜
ミトコンドリア膜間腔（⑥⓪　　）
ミトコンドリア内膜

アシルカルニチン

②アシル基はCoAからカルニチンに移る．

③ミトコンドリアの内部に入り，カルニチンが外れてもとのアシルCoAに戻る．

ミトコンドリア内 → アシルCoA

アセチルCoA（α位）
アセチルCoA
アセチルCoA
アセチルCoA

β酸化

⑤できたアセチルCoAは（⑥①　　）回路に入る．アセチルCoAはもとの脂肪酸の炭素数に応じた数が生じる．

④β酸化によってもとの脂肪酸の炭化水素鎖のうち，カルボキシル基の炭素（＊）とα位の炭素がアセチルCoAとなって外れる．

⑥残ったβ位の炭素は酸化され，CoAと結合して炭素の（⑥②　　）個減ったアシルCoAとなり，再度β酸化する．

⑦最終的にアシル基の炭素がなくなるまでこれを繰り返す．

3　脂質の消化・吸収と代謝

糖代謝をガソリン・エンジン，脂肪酸代謝をディーゼル・エンジンと考え，ディーゼル・エンジンは燃料は安いが排気が汚いので，「β酸化ではATPはたくさんできるが，ケトン体ができやすい」と考えよう．

糖尿病では脂肪酸の代謝異常も引き起こし，(⁶³　　　　　　)で危険な状態になるので注意を要する．

表4にあるように，糖（グルコース）は1．(⁶⁴　　　　　)，2．クエン酸回路，3．電子伝達系，4．酸化的リン酸化反応，また脂肪酸は1．(⁶⁵　　　　　)，2．クエン酸回路，3．電子伝達系，4．酸化的リン酸化反応と，代謝は進行する．いずれも2．3．4．の代謝経路は共通している．

クエン酸回路のオキサロ酢酸の量には制限があり，β酸化が亢進してアセチルCoAが大量に発生したときは処理できなくなる．

表4 糖（グルコース）と脂肪酸の代謝経路の比較

グルコース代謝経路の場合

1	2	3	4
(⁶⁶　　　)	クエン酸回路	電子伝達系	酸化的リン酸化反応

脂肪酸代謝経路の場合

1	2	3	4
(⁶⁷　　　)	クエン酸回路	電子伝達系	酸化的リン酸化反応

●コレステロール

コレステロールの合成

コレステロールを体内で合成する臓器はどこか？	おもに(⁶⁸　　　)である．その他，副腎皮質，皮膚，性腺，筋肉，腸管など至るところでつくられている
血液中のコレステロールでは食事由来のものと体内由来のものとどちらが多いか？	コレステロールは(⁶⁹　　　)由来のもののほうがずっと多い
コレステロール合成の材料は何か？	(⁷⁰　　　　　)である（図6参照）
コレステロールが分解されると何になるか？	(⁷¹　　　　)となる

図6 コレステロールの生合成

この代謝経路では，図の▢の化合物の名前だけでよいので覚えよう．

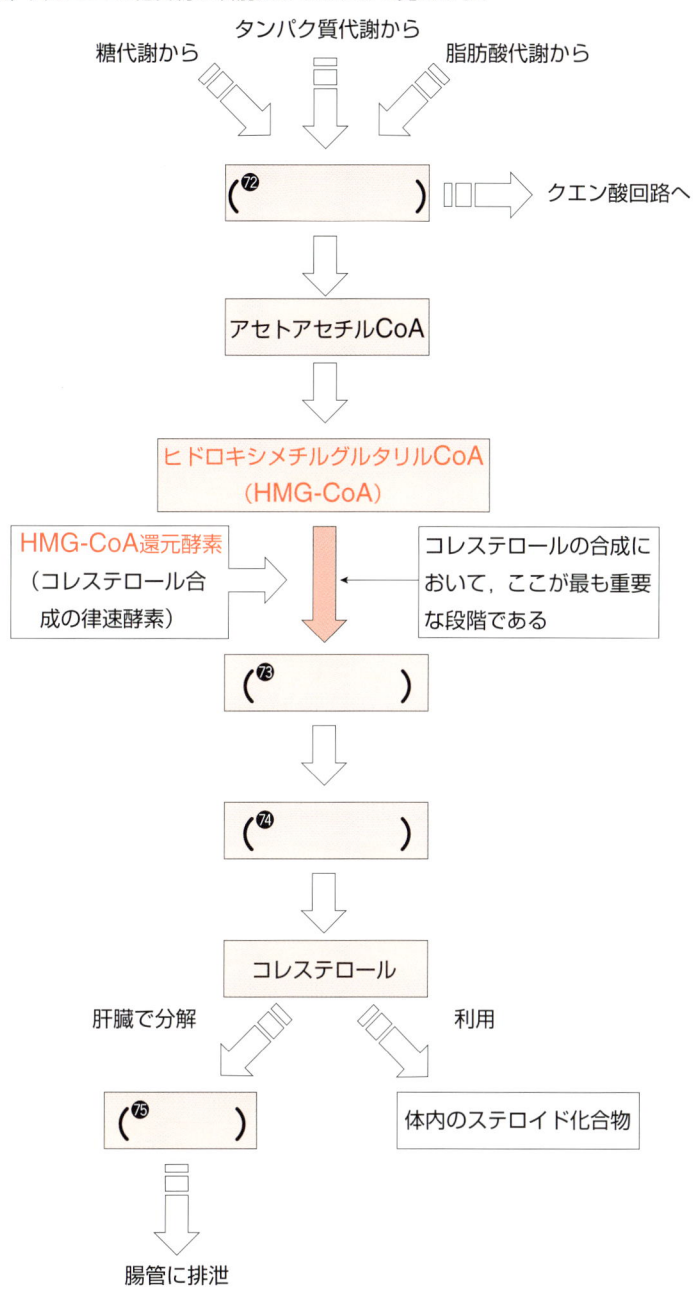

糖代謝から　タンパク質代謝から　脂肪酸代謝から

(❼² 　　　　) ⇒ クエン酸回路へ

↓

アセトアセチルCoA

↓

ヒドロキシメチルグルタリルCoA
（HMG-CoA）

HMG-CoA還元酵素
（コレステロール合成の律速酵素）　→　コレステロールの合成において，ここが最も重要な段階である

↓

(❼³ 　　　　)

↓

(❼⁴ 　　　　)

↓

コレステロール

肝臓で分解 ↙　　↘ 利用

(❼⁵ 　　　　)　　体内のステロイド化合物

↓

腸管に排泄

コレステロールの役割

コレステロールは体内では動脈硬化を起こす厄介物としての役割しかないのか？	そうではない コレステロールは体内に不可欠な物質である 血清コレステロール値の高いことが問題なのである		
		役割	解説
体内でのコレステロールの主要な役割を4つ挙げよ	1	(⑯　　　　　)の構成成分である	細胞膜にしなやかさを与える作用がある
	2	(⑰　　　　　)の材料となる	ミセル（コロイド分散状態の1つ）をつくり脂肪を消化しやすくする
	3	(⑱　　　　　)の材料となる	ビタミンDはコレステロールの基本構造をもち，カルシウムの吸収に関与する
	4	(⑲　　　　　)ホルモンの材料となる	副腎皮質ホルモン，性腺ホルモン（男女とも）はコレステロールの基本構造をもっている

コレステロールの関連事項

よくいわれる悪玉コレステロールとは何のことか？コレステロールが体によくない（悪玉）ということか？	コレステロールは低密度リポタンパク質（LDL）によって肝臓から末梢組織に運ばれ，余分なコレステロールは逆に高密度リポタンパク質（HDL）によって末梢から肝臓に送り返される したがって，悪玉コレステロールとは，血管の壁にたまって動脈硬化を起こす(⑳　　　　　)コレステロールのことである コレステロールが沈着することが問題であって，体内にコレステロールが存在することが悪玉ということではない．体に不可欠なものである
善玉コレステロールとは何のことか？	善玉コレステロールとは，血管の壁からコレステロールを引き抜いて肝臓へ戻す(㉑　　　　　)コレステロールのことである

Ⅱ　物質代謝とエネルギー代謝

コレステロール・エステルとは何のことか？	血液中のコレステロールは（❽❷　　　　）とエステル結合をしたものがほとんどで，このことをいう 血液中ではリポタンパク質内に含まれている
飽和脂肪酸と不飽和脂肪酸は血液中のコレステロール値にどのような作用をするか？	飽和脂肪酸は血清コレステロール値を（❽❸　　　　）させる 不飽和脂肪酸は血清コレステロール値を（❽❹　　　　）させる

血中リポタンパク質の特徴（表5，6参照）

リポタンパク質粒子の基本構造は，p.43の図8を参照．

キロミクロン

キロミクロンの働きは何か？	食物に由来する（❽❺　　　　）を小腸からリンパ管，血液を経由して運ぶ
キロミクロンはどのような構造か？	小腸で吸収された中性脂肪で，コレステロール，リン脂質，（❽❻　　　　）から成る粒子である キロミクロンは食事由来の中性脂肪を小腸から運ぶカプセルである
乳ビとは何か？ またどのようにして乳ビは消えるか？	脂質摂取後，血中キロミクロンが著しく増え，血液が白く濁った状態のこと 酵素（❽❼　　　　）（LPL）で分解され，1時間以内に消失する この酵素は血管内皮細胞に存在する

超低密度リポタンパク質（VLDL）

VLDLの役割は何か？	肝臓でつくられた内因性の（❽❽　　　　）を運搬する

表5 脂質関連の略号と名称

略号	英語名	和名
TG	tri(acyl)glycerol	中性脂肪，トリアシルグリセロール
VLDL	very low-density lipoprotein	超低密度リポタンパク質
LDL	low-density lipoprotein	低密度リポタンパク質
HDL	high-density lipoprotein	高密度リポタンパク質
PL	phospholipid	リン脂質

表6 血中リポタンパク質の特徴

	キロミクロン	VLDL	LDL	HDL
密度（g/mL）	0.96以下	< 0.96〜1.006	< 1.019〜1.062	< 1.063〜1.210
直径（nm）	100〜1000 >	30〜70 >	15〜25 >	7.5〜10
起源（できる場所）	(⑧⑨　)	(⑨⑩　) 一部(⑨①　)	(⑨②　)	(⑨③　)
機能	食物中（外因性）のTGの筋組織，脂肪細胞への輸送　肝臓には入らない	肝臓で合成された内因性TGの末梢組織への輸送	コレステロールを末梢へ輸送 動脈硬化促進因子	末梢のコレステロールを肝臓へ輸送 抗動脈硬化因子
構成アポリポタンパク質	A, B, C, E	C, E	(⑨④　)	(⑨⑤　)
組成比率（%） アポリポタンパク質	1	10	20	50
組成比率（%） 中性脂肪	90	55	10	5
組成比率（%） コレステロール	5	15	45	15
組成比率（%） リン脂質	4	20	25	30

1. リポタンパク質は比重が大きくなるほど，粒子の大きさは小さい．
2. HDLとLDLを構成するアポリポタンパク質は何かということは覚えておこう．
3. 各血中リポタンパク質の起源と機能を覚える．
4. 各血中リポタンパク質の脂質の割合（何を多く含むか）も知っておこう．

ここが重要！

低密度リポタンパク質（LDL）

LDLの役割は何か？	末梢組織への（⑯　　　　　）の運搬
LDLが細胞にコレステロールを運ぶ仕組みはどのようなものか？	LDLによるコレステロールの運搬には，細胞表面にあるLDL（⑰　　　）（レセプター）が働いている．これはLDLに含まれるアポリポタンパク質（⑱　）(apo-B)に対する受容体である 抗原抗体反応のような仕組みで，LDLは細胞にコレステロールを運んでいる

高密度リポタンパク質（HDL）

どこでつくられるか？	（⑲　　）と小腸
なぜ高比重なのか？	アポリポタンパク質を（⑳　　）％以上含んでいるから 正確にはアポAⅠとアポAⅡを含んでいる
HDLの働きは？	①末梢組織にある過剰なコレステロールを抜き取る作用 ②HDLはLDLが細胞に取り込まれるのを抑える この2つの作用を通じてコレステロールを下げる
HDLはなぜLDLが細胞に取り込まれるのを抑えるのか？	HDLはLDL受容体にLDLよりも先回りして結合する性質があるため HDLが先にLDL受容体に結合するため，LDLが細胞に結合できず，コレステロールを細胞に運べないことになる
HDLコレステロールの増加因子は何か？	①（㉑　　　　） ②少量の（㉒　　　　　　） 　（一合程度）
HDLコレステロールの減少因子は何か？	①（㉓　　　　） ②運動不足 ③糖尿病 ④（㉔　　　　） ⑤高脂肪血症 ⑥経口避妊薬

> アポリポタンパク質にも種類があることに注意！

アラキドン酸の代謝

アラキドン酸とは何か？（復習）	アラキドン酸は20個の炭素から成り，分子中に4個の2重結合をもつ（⑩⑤　　　　）脂肪酸である
プロスタグランジンの名前の由来を述べよ	プロスタグランジンは，ヒトの精液に子宮を収縮させる作用があることから研究された物質である そのことから（⑩⑥　　　　）分泌物中の物質が強い子宮収縮作用をもつことがわかった この物質は前立腺（プロステーテ prostate グランド gland）に因んでプロスタグランジンと名づけられた 現在では，前立腺だけでなく全身の組織に分布することがわかっている
プロスタグランジンは1つ（特定）の物質か？（図7，表7参照）	違う （⑩⑦　　　　）から酵素の作用でつくられる一連のさまざまな物質を指している アラキドン酸から酵素の働きでさまざまなプロスタグランジン関連物質ができることを滝に例えて，アラキドン酸（⑩⑧　　　　）（滝）という
プロスタグランジンはアラキドン酸に由来しているが，アラキドン酸はどこからできてくるか？	細胞膜のリン脂質からできる リン脂質に（⑩⑨　　　　　　　）という酵素が作用してアラキドン酸が切り離される（図7参照）
アラキドン酸からプロスタグランジンをつくる主要な酵素を2つ挙げよ（図7，表7参照）	①アラキドン酸は（⑪⑩　　　　　　）という酵素によってプロスタグランジンとトロンボキサンになる．この反応はアスピリンによって阻害される ②アラキドン酸は（⑪⑪　　　　　　）という酵素によってロイコトリエンになる
プロスタグランジンのホルモンとしての特徴は何か？	普通のホルモンは分泌細胞から離れたところに標的臓器があるが，プロスタグランジンは分泌された細胞の周辺で作用するので，（⑪⑫　　　　）ホルモン（（⑪⑬　　　　　　））といわれる

図7 アラキドン酸代謝の大まかな流れ

プロスタグランジンには頭痛，関節炎など炎症，発熱を起こす性質もある．アスピリンが頭痛・発熱に効くのは，シクロオキシゲナーゼの阻害をしてプロスタグランジンの生成を阻害するためである．

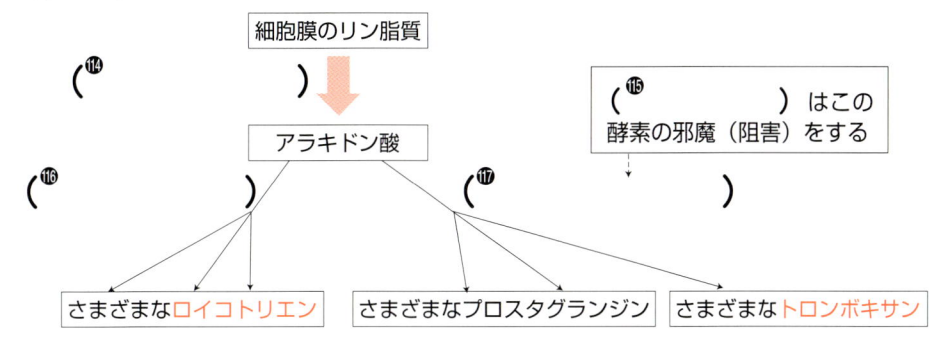

```
                    細胞膜のリン脂質
        (⑭        )      ↓
                    アラキドン酸              (⑮           ) はこの
                                              酵素の邪魔（阻害）をする
    (⑯        )              (⑰           )          ↓
        ↓              ↓            ↓
    さまざまなロイコトリエン   さまざまなプロスタグランジン   さまざまなトロンボキサン
```

表7 プロスタグランジンの作用

名称	代表的な作用
プロスタグランジン	血管拡張作用，血小板凝集，気管支拡張作用など種類によって多彩な作用がある
ロイコトリエン	白血球を誘導したり活性化する．炎症をコントロールする
トロンボキサン	血小板凝集を強く促進する．気管支を強く収縮させる

4 水と電解質の代謝

水の代謝

体内の水分（体液）量は成人で体重のどのくらい含まれるか？	成年男子で体重の約（❶　　）％．脂肪を取り除いた体重では約（❷　　）％を占める（図1参照）
体に含まれる水分量は男女どちらが多いか？	女性は体脂肪が多い分，水分量はいく分（❸　　）（脂肪は水に溶けないので，脂肪組織は水を含まないと考える）
成人では細胞外液と細胞内液はどちらが多いか？	（❹　　　　　　）のほうが多い（体重に占める水分の割合は細胞内液；40％，細胞外液；20％） 細胞内液：細胞外液＝（❺　　）：（❻　　）
体に含まれる水分量は年をとるにつれてどのように変化するか？	水分は加齢に伴い次第に（❼　　　　　）する
体内の水分量は新生児で体重のどのくらい含まれるか？	体重の約（❽　　）％ （このうち細胞内液；40％，細胞外液；40％）
体内の水分量は老人で体重のどのくらい含まれるか？	体重の約（❾　　）％ （このうち細胞内液；30％，細胞外液；20％）
細胞外液にはどのような種類があるか？ （図2参照）	おもに組織液と脈管内液（管を流れる液体）とがある 脈管内液には（❿　　　　）と（⓫　　　　　　）液がある
組織液と脈管内液はどちらが多いか？	組織液の量は脈管内液の（⓬　　）倍である
血漿と組織液の違いは何か？	血漿には（⓭　　　　　　　　）が含まれているが，組織液には含まれていない
組織液が増加する状態を何というか？	（⓮　　　　　　）（むくみのこと）という
脈管とは何のことか？	血管とリンパ管を指す
体内の水は口から摂取した食物と水から来たものか？ （表1参照）	違う．燃焼によって水ができるのと同様に，呼吸による（⓯　　　　　）の代謝によってできる水がある．これを（⓰　　　　　）という

図1 人体成分に占める水分の割合

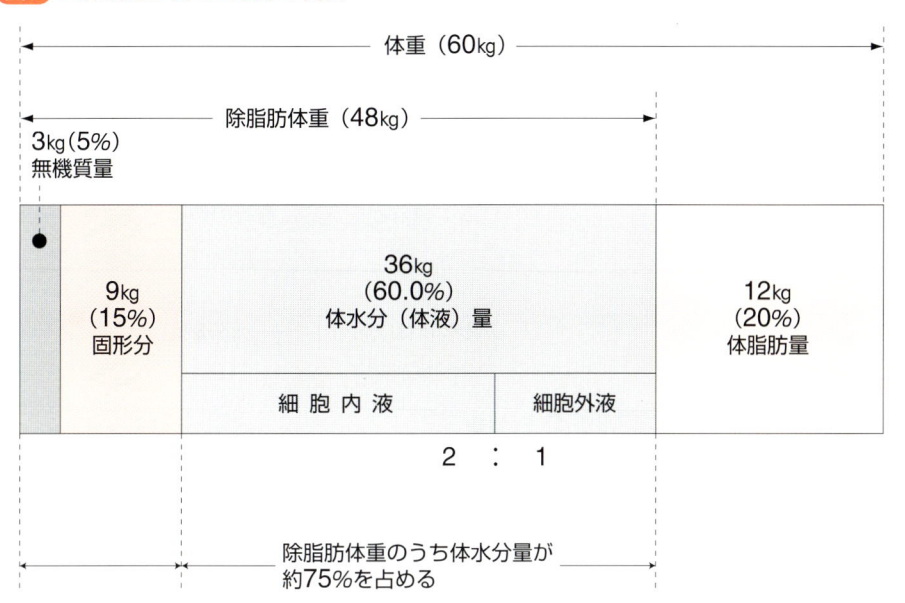

- 体重（60kg）
- 除脂肪体重（48kg）
- 3kg（5%）無機質量
- 9kg（15%）固形分
- 36kg（60.0%）体水分（体液）量
  - 細胞内液 ： 細胞外液 = 2 : 1
- 12kg（20%）体脂肪量
- 除脂肪体重のうち体水分量が約75%を占める

図2 体液の構成

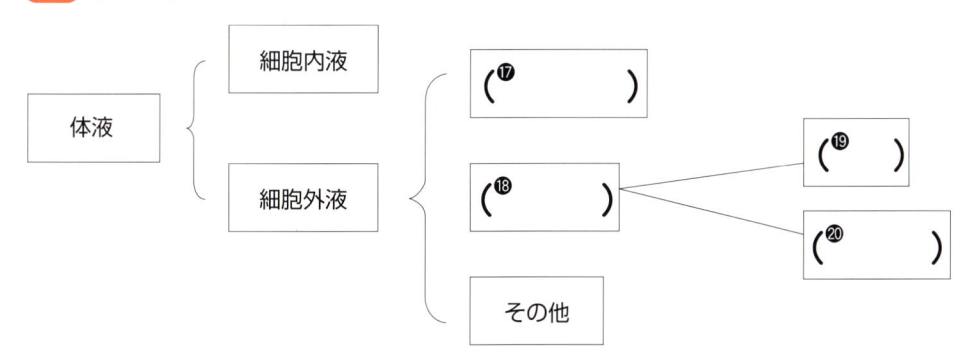

体液
- 細胞内液
- 細胞外液
  - （⑰　　　）
  - （⑱　　　）──（⑲　　　）
  　　　　　　　└（⑳　　　）
  - その他

表1 1日あたりの水分の収支

1日あたりの水分摂取量		1日あたりの水分排出量	
食物より	1100mL	大便より	100mL
飲水より	1100mL	尿より	（㉑　　　）mL
（㉒　　　）より	300mL	不感蒸泄より	900mL
合計	2500mL	合計	2500mL

電解質

電解質とは何のことか？	広義では，水に溶かすと陽イオンと陰イオンに解離し，その水溶液が電気を導く物質のこと 臨床検査では，ナトリウム，カリウム，塩素，カルシウム，鉄など臨床的に意義のあるイオンを電解質という
細胞内で最も高濃度の陽イオンは何か？	($㉓$　　　　　　　）イオンK^+である
細胞外で最も高濃度の陽イオンは何か？	($㉔$　　　　　　　）イオンNa^+である
カリウムK^+の細胞の内外濃度差はどのような生理現象と関係するか？	カリウムの細胞の内外濃度差によって，細胞内がどのくらい負に帯電するかが決まる これを静止電位といい，筋肉や神経の興奮の度合いに影響する 特に，($㉕$　　　　）の働きに直接関係し，細胞外のカリウム濃度が高いと（$㉖$　　　　　　　）が起こる
血液は体重のどのくらいを占めるか？	体重の約（$㉗$　　　）％（1/13）である
体液中のナトリウムNa^+の役割は何か？	（$㉘$　　　　　　）の維持である
体内のナトリウムNa^+濃度が上昇すると何が起こるか？	（$㉙$　　　　　）が起こる 体内のナトリウム濃度が上がると浸透圧が上昇するが，このときナトリウム濃度を調節するため組織に水が移動する
ナトリウムNa^+はどこに排泄されるか？	腎臓から尿に排泄される
細胞内カルシウムCa^{2+}濃度は細胞外と比べて高いか低いか？	著しく低い 細胞外液（血清）カルシウム濃度は神経・筋の収縮に重要な因子である
細胞外カルシウムCa^{2+}濃度が低下すると，臨床的にどのような症状が出るか？	（$㉚$　　　　　）（強直性けいれん）を起こす 低カルシウム血症は神経や筋肉の興奮性を（$㉛$　　　）し，強いけいれんを起こす

高温で大量の汗をかいたとき水を飲む．これは正しいか？		正しくない 汗は単純な水ではなく塩分（塩化ナトリウムやカルシウム）を含んでいる．塩分を失っているとき水を飲むと，体液の電解質はさらに薄まるので危険である．塩分と糖分を含む飲み物で水分を補給するべきである

体液中のおもなイオン

細胞内外での濃度比較

	血漿	細胞内液	細胞内液／血漿	細胞内と細胞外ではどちらの濃度が高いか？
Na^+	145	10	0.07	細胞外
K^+	4	140	(㉜　)	(㉝　)
Ca^{2+}	2.5	0.001	0.0004	細胞外
Cl^-	110	4	0.04	細胞外

（単位はmmol/L）

細胞内の濃度が高いのはカリウムと覚えよう

● 無機元素

カルシウム Ca

カルシウム	おもな生理作用は？	①99％は（㉞　）カルシウムのかたちで骨や歯の構成成分として存在する ②（㉟　）の収縮 ③血液（㊱　）
	基準値（血漿中）は？	約2.5mmol/L（当量表現では倍の約（㊲　）mEq/Lとなる）
	カルシウムが欠乏するとどうなるか？	乳幼児では…くる病 成人では…骨粗鬆症
	カルシウムが過剰になるとどうなるか？	異常石灰化（ビタミンD過剰による）

カリウム K

カリウム	おもな生理作用は？	①細胞内液の主要な陽イオン ②細胞内外のイオン濃度差により神経・筋の興奮性を生じる
	基準値（血漿中）は？	3.5〜5.0 mEq/L
	カリウムが欠乏するとどうなるか？	下痢，嘔吐などでカリウムが欠乏すると，筋のけいれんを起こし，心拍は（㊳　　　）となる
	カリウムが過剰になるとどうなるか？	腎不全，ショックなどでカリウムの排泄が低下すると血清カリウムが上昇し，心臓の機能低下を起こし，心拍は（㊴　　　）となる
	低カリウム血症による心電図の所見は？	①STの低下 ②T波の平低化
	高カリウム血症による心電図の所見は？	①T波の増高 ②QRS幅の増大 ③P波の平低化
	血清カリウムは血液透析と深く関わる．その理由は何か？	腎不全では尿からカリウムの排泄ができないので血清カリウムが上昇する．高カリウム血症は放置すると（㊵　　　）に至る．血液透析をする最大の理由は血清（㊶　　　）を下げて心停止を防ぐためである．よくいわれる老廃物というあいまいなものでは死に至らない

ここが重要！

ナトリウム Na

ナトリウム	おもな生理作用は？	①細胞外液の主要な陽イオン ②Na^+イオンが細胞外液の浸透圧・量を左右する ③細胞内外のイオン濃度差により神経・筋の興奮性を生じる
	基準値（血漿中）は？	135〜145mEq/L
	ナトリウムが欠乏するとどうなるか？	細胞外液が減少し，脱水症を起こす（低張性脱水症）
	ナトリウムが過剰になるとどうなるか？	細胞外液の増加による高血圧，（㊷　　　）を起こす

鉄 Fe

鉄	おもな生理作用は？	①ヘモグロビン，ミオグロビンの構成成分 ②シトクロム，カタラーゼ，ペルオキシダーゼなどの酵素の構成成分
	血漿中で鉄イオンを運搬する運搬タンパク質は？	(㊸　　　　　　　　　　)
	基準値（血漿中）は？	男女差があり，(㊹　　　) > (㊺　　　) 男性；80～200μg/dL 女性；50～170μg/dL 日内変動が大きい．午前中に高値を示す
	鉄が欠乏するとどうなるか？	(㊻　　　　　　) 貧血
	鉄が過剰になるとどうなるか？	再生不良性貧血，ヘモクロマトーシス

銅 Cu

銅	おもな生理作用は？	①酵素の補因子 ②フェロオキシダーゼ，シトクロームオキシダーゼなどの酵素の構成成分
	血漿中で銅イオンを運搬する運搬タンパク質は何か？	(㊼　　　　　　　　　　)
	基準値（血漿中）は？	70～180μg/dL
	銅が過剰になるとどうなるか？	(㊽　　　　　　) 病
	ウィルソン病とはどんな病気か？	(㊾　　　　　　　　) が不足するため銅の運搬ができず，脳（レンズ核）や肝臓に銅が沈着し，痴呆や肝硬変が起きる病気である

Ⅲ　ホメオスタシス

1 ホルモン

ホルモンの概要

ホルモンを分泌する組織を何というか？	(❶　　　　　) 腺という．これに対して消化液を分泌するのは外分泌腺という（表1参照）
腺とはどういう意味か？	腺という字のなかに泉という部分があるように，ホルモン，消化液などの物質を合成し，泉のように分泌する組織，細胞を指す
ホルモンはどのような作用をするか？	ホルモンは特定の組織，細胞に作用して，例えば電解質（ナトリウム，カリウム）や血糖の濃度を一定のレベルに維持する これを内部環境の恒常性（(❷　　　　　)）維持という ホルモンが作用する特定の組織，細胞を標的臓器，標的細胞という
ホルモンが特定の組織・細胞に作用するのはどのような仕組みがあるのか？	特定のホルモンが標的細胞に作用するのは，標的細胞表面にそのホルモンに対して特異的な (❸　　　　　)（レセプター）があるためである
ホルモンの分泌量はどのように調節されるか？	(❹　　　　　　　　　) 調節機構による 上位ホルモンは下位ホルモンに (❺　　) のフィードバック調節をし，上位ホルモンの濃度が上がると下位ホルモンの濃度も上がる．何段も連なる滝をイメージするとよい 下位ホルモンは上位ホルモンに (❻　　) のフィードバック調節をし，下位ホルモンの濃度が上がると上位ホルモンの濃度は下がる（図1参照）
ホルモンはおおまかにどのような物質に属すか？4つ挙げよ	①タンパク質（(❼　　　　　)） ②(❽　　　　　)（コレステロールから合成される化合物） ③(❾　　　　　) 誘導体 ④ある種のビタミン
タンパク質（ペプチド）に属するホルモンには何があるか？	インスリン，副腎皮質刺激ホルモン（ACTH）など

ステロイドに属するホルモンには何があるか？	副腎皮質ホルモン，性ホルモン
アミノ酸誘導体に属するホルモンには何があるか？	甲状腺ホルモン，副腎髄質ホルモン
ホルモンの病気は大きく分けるとどのように分類されるか？	ホルモンが必要量以上に分泌される（❿　　　）症と，分泌が低下する（⓫　　　）症の2つである 各ホルモンについて機能亢進症と機能低下症がある ホルモン異常の問題は試験にはよく出るが，日常的に遭遇する内分泌疾患としては，糖尿病，バセドウ病，橋本病がほとんどである

人名のついた病気が試験には好んで出題される

表1 内分泌腺と外分泌腺の区別

	内分泌腺	外分泌腺
導管	（⓬　　　）	もつ
分泌物	（⓭　　　）	（⓮　　　）粘液
分泌量	（⓯　　）	多量
分泌個所	（⓰　　）	消化管

図1 フィードバック調節

上位ホルモンから下位ホルモンへは，滝の流れのように正のフィードバック調節が行われる．
下位ホルモンから上位ホルモンへは，負のフィードバック調節が行われる．

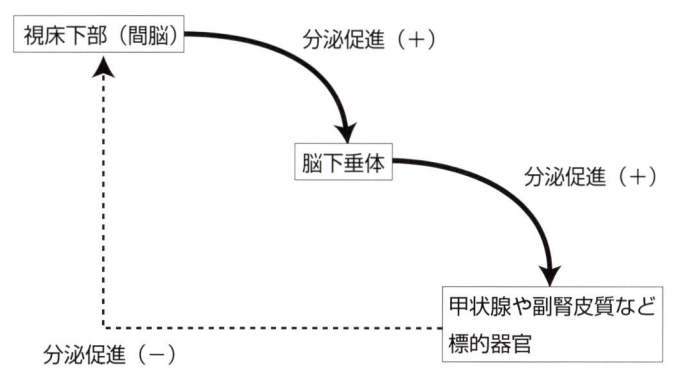

視床下部（間脳） →分泌促進（＋）→ 脳下垂体 →分泌促進（＋）→ 甲状腺や副腎皮質など標的器官
分泌促進（−）

1 ホルモン

下垂体ホルモン

下垂体の場所を学術用語で表現すると？	(⑰　　　)のトルコ鞍
脳下垂体はどのような構造か？	前葉・中葉・後葉の三葉から成る 中葉はあまり意義はない
前葉は胎児のときのどの組織からできてきたか？	前葉は胎児のときの咽頭の細胞が発達してできたものである．したがって典型的な内分泌腺である そのため，前葉を(⑱　　　)下垂体という
後葉は胎児のときのどの組織からできてきたか？	後葉は脳の一部，視床下部の延長ともいえる神経組織である 後葉を(⑲　　　)下垂体ともいう
下垂体（前葉・後葉ともに）から分泌されるホルモンはいろいろあるが，生化学的に共通する特徴は何か？	いずれも(⑳　　　)ホルモン（アミノ酸がタンパク質ほど長くはないがつながったもの）である
下垂体ホルモンの分泌はどのように調節されるか？	下垂体の上部ホルモンである(㉑　　　)ホルモンの刺激によって調節される（表2参照）
成長ホルモンが分泌されるのは成長期だけか？	違う 身体の維持のため生涯にわたって分泌される
成長ホルモンの下部ホルモンはあるか？	ある 成長ホルモンは骨の成長に直接作用するのと，肝臓に作用して，肝臓から(㉒　　　)という下部ホルモンの分泌を介する間接作用もある ソマトメジンは軟骨やタンパク質合成に作用する
下垂体から分泌される黄体形成ホルモン，卵胞刺激ホルモンは黄体や卵胞に働くホルモンだが，男性でも分泌されるか？	分泌される 男性に対しても精巣，前立腺に生理的役割がある（表3参照）
黄体形成ホルモン，卵胞刺激ホルモンをあわせて何と呼ばれるか？	性腺刺激ホルモン（(㉓　　　)）と呼ばれる

表2 視床下部ホルモン

視床下部ホルモン	略号	働き
成長ホルモン放出ホルモン	GRH	成長ホルモン（GH）の分泌促進
成長ホルモン放出阻害ホルモン	GHIF	成長ホルモンの分泌阻害
ゴナドトロピン放出ホルモン	LH-RH	性腺刺激ホルモン（LH・FSH）の分泌促進
チロトロピン放出ホルモン	TRH	甲状腺刺激ホルモン（TSH）の分泌促進
プロラクチン放出阻害因子	PIF	プロラクチンの分泌阻害
コルチコトロピン放出ホルモン	CRH	副腎皮質刺激ホルモン（ACTH）の分泌促進

表3 下垂体前葉・後葉から分泌されるホルモン

	名	略号	作用
前葉	成長ホルモン	(㉔)	骨，軟骨に作用して全身の成長を促進 タンパク質の合成促進
前葉	黄体形成ホルモン （黄体化ホルモン）	(㉕)	女性では排卵誘発，黄体形成，プロゲステロンの分泌促進 男性では精巣間質を刺激してテストステロンの分泌促進
前葉	卵胞刺激ホルモン	(㉖)	女性では卵胞を刺激してエストロゲンの分泌促進 男性では精巣を刺激して精子形成
前葉	甲状腺刺激ホルモン （チロトロピン）	(㉗)	甲状腺からチロキシンT_4，トリヨードチロニンT_3の分泌促進
前葉	プロラクチン （乳腺刺激ホルモン）	(㉘)	女性では乳腺を刺激 男性では前立腺の発育を促進
前葉	副腎皮質刺激ホルモン	(㉙)	副腎皮質ステロイドホルモンの分泌促進
後葉	抗利尿ホルモン （バソプレシン）	(㉚)	腎臓の遠位尿細管に働き，水の再吸収を促進 尿量の調節 血管収縮作用があり，血圧の調節
後葉	オキシトシン		子宮の収縮作用

● 甲状腺ホルモン

甲状腺の場所は？	喉頭から気管にかけて左右両側に一葉（図2参照）
甲状腺から分泌されるホルモンを挙げよ	3種類ある チロキシン，トリヨードチロニン，カルシトニン （図2，図3，表4参照）
チロキシン，トリヨードチロニンの分泌を刺激するホルモンは何か？	脳下垂体前葉から分泌される甲状腺刺激ホルモン（TSH） 通常，チロキシン，トリヨードチロニンをあわせて甲状腺ホルモンという
甲状腺ホルモンの作用は？	(㉛　　　　　　)の維持．基礎代謝量とは生存に最低限必要な熱量，早朝安静空腹時の消費熱量であって，睡眠時の代謝量(㉜　　　　　　)ということに注意　　よく出題されるので注意！
チロキシン，トリヨードチロニンは甲状腺のどの細胞から分泌されるか？	(㉝　　　)細胞から分泌（図2参照）　　濾胞とも書く
チロキシン，トリヨードチロニンに含まれる特徴的な元素は何か？	(㉞　　　　　　)である（図3参照） チロキシンはヨウ素4個で(㉟　　　　)と略される トリヨードチロニンはヨウ素3個で(㊱　　　　)と略される
T_3とT_4では，どちらの作用が強いか？	T_3である
チロキシン，トリヨードチロニンの材料となるアミノ酸は何か？	(㊲　　　　　　)
甲状腺機能亢進症の名称は？	(㊳　　　　　　)病（またはグレーブス病） 三徴候；①甲状腺腫　②頻脈　③眼球突出
成人の甲状腺機能低下症の名称は？	(㊴　　　　　　) 緩慢な動作や浮腫の症状が出る
幼小児の甲状腺機能低下症の名称は？	(㊵　　　　　　)病 身体および知能の発育が障害を受ける
カルシトニンは甲状腺のどの細胞から分泌されるか？	(㊶　　　)細胞（(㊷　　)細胞）から分泌される Cはカルシトニン（carcitonine）のCである

108　Ⅲ　ホメオスタシス

カルシトニンの生理作用は？	骨からのリン酸カルシウム放出を抑制，血漿のカルシウムとリン酸の濃度を低下させる
カルシトニンは何の治療に使用されるか？	カルシトニンは高カルシウム血症や骨粗鬆症の治療薬として用いられる カルシトニンはパラトルモン（PTH）の作用と，逆の作用をもつ．このことを拮抗作用という

チロキシン＝サイロキシン
トリヨードチロニン＝トリヨードサイロニン

図2 甲状腺

- 甲状腺ホルモンがコロイドとしてたまってしまっている濾胞
- 濾胞を囲み甲状腺ホルモンを産生する濾胞細胞
- 濾胞の隙間にカルシトニンを産生する傍濾胞細胞が存在する

甲状腺　　甲状腺の組織

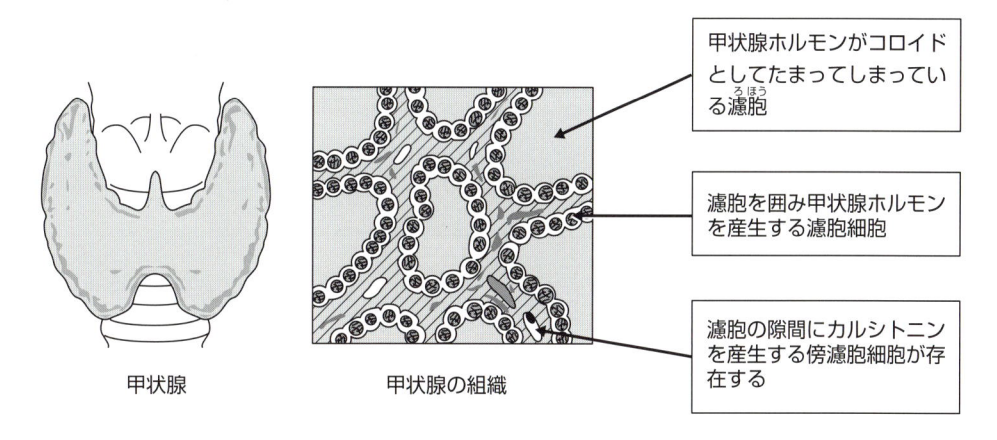

図3 甲状腺ホルモンの構造

「I」はヨウ素である．その数に注意しよう．

トリヨードチロニン（T_3）
（効力はT_4の3～5倍）

チロキシン（T_4）

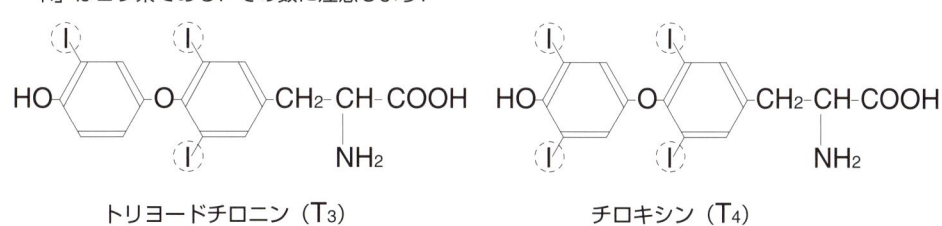

表4 視床下部から甲状腺ホルモン分泌までの分泌調節経路

	分泌部位	ホルモン名	略号
1	視床下部	チロトロピン放出ホルモン	TRH
2	脳下垂体	甲状腺刺激ホルモン（チロトロピン）	TSH
3	甲状腺	甲状腺ホルモン（チロキシン，トリヨードチロニン）	T_3, T_4

上皮小体（副甲状腺）ホルモン

上皮小体の場所は？	甲状腺の背面に付着した楕円盤状の器官で，左右2個ずつ合計4個ある
分泌されるホルモンは？	(㊸　　　　　　　　　)またはパラサイロイドホルモン（PTH）
PTHの生理作用は？	血漿のカルシウム濃度を上昇させ，リン酸濃度は低下させる
PTHの分泌が低下するとどうなるか？	(㊹　　　　　　　　)，低カルシウム高リン酸血症
テタニーとは？	強直性けいれんのことで，カルシウム濃度が低下すると，神経や筋肉の興奮性が高まり筋肉が硬直する

副腎皮質ホルモン （図4，表5参照）

副腎皮質ホルモンの化学的な特徴は何か？	すべて(㊺　　　　　　　　　)化合物である
副腎皮質はどのような構造か？（図4参照）	3層構造になっている．表面より ①球状帯 ②束状帯 ③網状帯 分泌するホルモンもそれに対応し3種類ある（表5参照）
グルココルチコイドの上位ホルモンは何か？	副腎皮質刺激ホルモン（(㊻　　　　　　　)）である 間脳からのフィードバック経路は表6参照
グルココルチコイドの代表的化合物名は？	(㊼　　　　　　　　　)である
コルチゾールの作用は？	①アミノ酸からグルコースをつくる糖新生を促進して血糖値を高める ②肝臓のグリコーゲン合成を促進 ③強い抗炎症作用を有するので，臨床の場で炎症を抑えるのに使用される
グルココルチコイドの分泌が低下するとどうなるか？	アジソン（Addison）病

グルココルチコイドの分泌が過剰になるとどうなるか？	(㊽　　　　　　　　　)（Cushing）症候群
クッシング症候群の症状は？	高血糖，高血圧，満月様顔貌（顔面の肥満），体の肥満
ミネラルコルチコイドの分泌を刺激するホルモンは何か？	アンギオテンシンである（図5参照） さらに上位に腎臓から分泌される(㊾　　　　　)という酵素がある ミネラルコルチコイドの上位ホルモンは脳下垂体からは分泌されないことに注意
アルドステロンはどこに作用するか？	腎臓の(㊿　　　　　　　　　)に作用する
アルドステロンの作用は？	体液の電解質平衡に関与している Na^+やCl^-の貯留（腎臓での再吸収）を促進 K^+やH^+の排泄を促進
アルドステロンが高値になる疾患は？	コン症候群（原発性アルドステロン血症） Na^+は高値となり，K^+は低値となる

原発性アルドステコン症候群と覚えよう

図4 副腎の構造

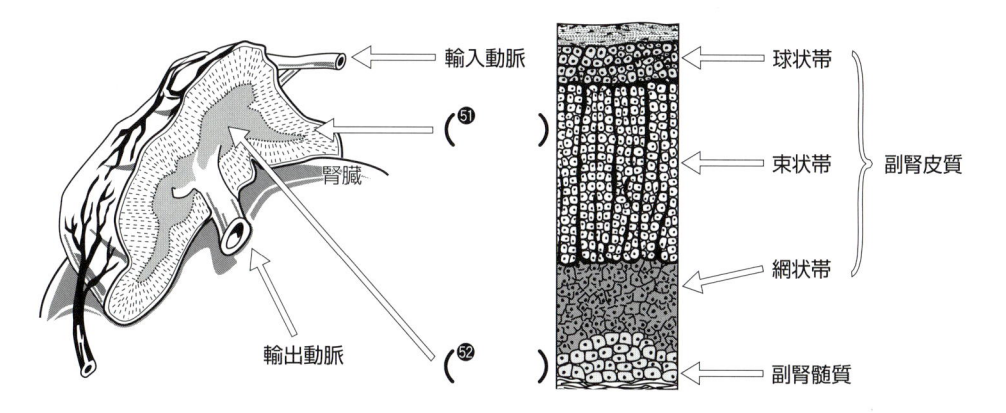

輸入動脈　(51　　　) 腎臓　輸出動脈　(52　　　)

球状帯　束状帯　網状帯 ｝副腎皮質
副腎髄質

表5 副腎皮質ホルモン

ホルモンの種類（別名）	代表的化合物名	作用	分泌部位
鉱質コルチコイド（ミネラルコルチコイド）	アルドステロン	腎臓の遠位尿細管に作用する 血中ナトリウム濃度を調節する	球状帯
糖質コルチコイド（グルココルチコイド）	コルチゾール	血糖上昇 抗炎症作用	束状帯
性ホルモン	エストロゲン	女性ホルモン	網状帯
	アンドロゲン	男性ホルモン	

代表的化合物名；副腎皮質ホルモンにはステロイド構造をもつ複数の化合物があり，そのなかの作用の強い典型的なホルモンという意味である．

表6 コルチゾールの分泌調節経路

	分泌部位	ホルモン名
1	視床下部（間脳）	CRH
2	脳下垂体	ACTH
3	副腎皮質	コルチゾール

図5 アルドステロンの分泌調節経路

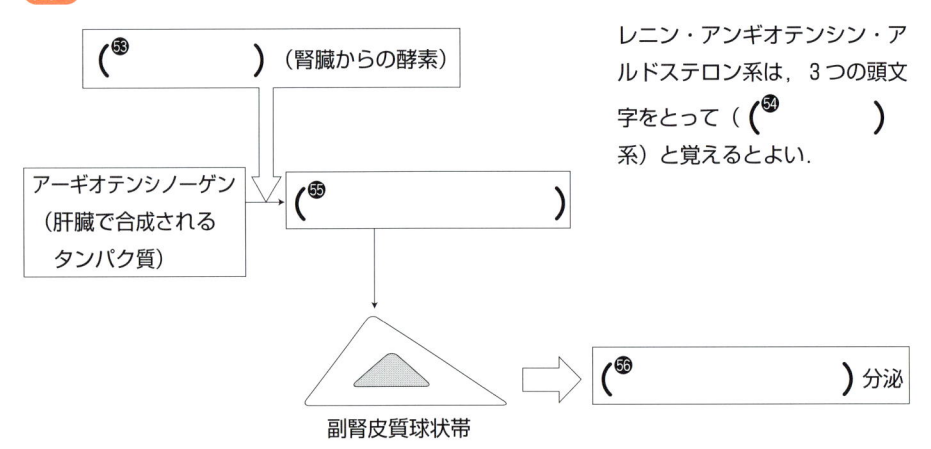

(㊽)（腎臓からの酵素）

アンギオテンシノーゲン（肝臓で合成されるタンパク質） → (㊾)

→ 副腎皮質球状帯 → (㊿ ）分泌

レニン・アンギオテンシン・アルドステロン系は，3つの頭文字をとって（ ㊾ 系）と覚えるとよい．

副腎髄質ホルモン

副腎髄質は解剖学上どの組織に属するか？	副腎髄質は（(57)　　　）神経系に属する組織である
副腎髄質から分泌されるホルモンは何か？ 2つ挙げよ （表7参照）	①（(58)　　　） ②（(59)　　　）
2つのホルモンの作用は同じか？	違う
アドレナリンの作用は？	アドレナリンは（(60)　　　）上昇作用が強い（肝臓でグリコーゲンをグルコースに分解）
ノルアドレナリンの作用は？	ノルアドレナリンは心臓に働き，（(61)　　　）上昇作用が強い
アドレナリンはいつ，だれが発見したか？	明治33（1900）年（(62)　　　）が発見
アドレナリンはどのような状況で分泌されるか？	心理的緊張はアドレナリンの分泌を促進する （(63)　　　）が高まると分泌される
アドレナリンはどのような神経に作用するか？	（(64)　　　）神経である 交感神経の興奮を高める作用がある
アドレナリンとノルアドレナリンを総称して何というか？	（(65)　　　）という
アドレナリンとノルアドレナリンを分泌する細胞は何というか？	クロム親和性細胞という これは，金属のクロムを含む固定液で副腎を固定すると，この細胞が褐色調に染まるためで，細胞に含まれるカテコールアミンがクロムと反応するのである
副腎髄質の機能亢進症は何か？	成人では… 褐色細胞腫（かっしょくさいぼうしゅ） 小児では…（(66)　　　）

表7 副腎髄質ホルモンの別名と作用

副腎髄質ホルモンは複数の名称をもつので注意しよう．

総称	ホルモン名	別名	作用
カテコールアミン*	アドレナリン	エピネフィリン	血糖上昇作用
	ノルアドレナリン	ノルエピネフィリン	血圧上昇作用

＊アドレナリンとノルアドレナリンは，カテコール構造とアミンという共通の特徴をもつので2つをあわせた総称として使われる．

膵臓ホルモン

膵臓でホルモンを分泌する組織は何か？	膵臓の（㊻　　　　　　　）であり，消化液をつくる外分泌腺とは異なる
代表的ホルモンと分泌細胞を挙げよ	（㊽　　　　　　　） B細胞（β細胞） （㊾　　　　　　　） A細胞（α細胞）
上記の共通点は？	いずれも（㊿　　　　　　　）ホルモンである
インスリンの作用は？	（㉛　　　　　　　）の細胞への取り込み，グリコーゲンの合成促進，糖質の解糖，糖新生の抑制
インスリンが不足すると細胞内ではエネルギー利用の面でどのような変化が起こるか？	細胞内ではグルコースが不足するため，（㉜　　　　　　　）をエネルギー源として使用するようになる
インスリンはなぜ飲み薬で投与されないのか？	（㉝　　　　　　　）ホルモンなので，経口投与では消化されるため
グルカゴンの作用は？	肝臓でのグリコーゲン分解促進，肝臓での糖新生の促進 インスリンの逆の作用と覚えるとよい

消化管ホルモン

消化管ホルモンとは？		胃・十二指腸粘膜上皮内にある内分泌細胞から分泌される消化吸収に役立つホルモンをいう
消化管ホルモンの共通点は？		すべて(⁷⁴　　　　　)ホルモンである
ガストリン	分泌部位	胃幽門前庭部粘膜の(⁷⁵　)細胞
	生理作用	胃体部壁細胞からの胃酸分泌を促進
	分泌調節	放出促進；胃に食物が入ることによる刺激 放出停止；胃前庭部のpHが2.5以下になると停止
	関連疾患	(⁷⁶　　　　　　　　　)症候群 （異所性のガストリン産生腫瘍，胃に難治性の潰瘍が多発する．下記の項参照）
セクレチン	分泌部位	十二指腸および空腸の粘膜
	生理作用	膵臓の重炭酸イオン（HCO_3^-，アルカリ性）分泌を促進する．これにより胃からの食物が中和される
	分泌調節	十二指腸，空腸のpH低下によって分泌される
コレシストキニン（または，パンクレオザイミン）	分泌部位	十二指腸および空腸の粘膜
	生理作用	胆嚢の収縮促進，膵臓の消化酵素分泌促進
	分泌調節	十二指腸，空腸内の脂肪，脂肪酸，タンパク質消化物の刺激により分泌

ゾリンジャー・エリソン症候群

どのような症状か？	胃酸（塩酸）の分泌が過剰で，胃や十二指腸などに難治性で進行性の消化性潰瘍が多発する
原因は何か？	胎児期に，膵臓や十二指腸にガストリンを産生する(⁷⁷　)細胞が紛れ込み腺腫をつくり，ガストリンを過剰に分泌するため起きる

1 ホルモン

性ホルモン（表8参照）

表8の性ホルモンを分泌支配しているのは？	(⑱　　　　　) 前葉
性ホルモンの上位ホルモンは何か？	LH（黄体形成ホルモン）とFSH（卵胞刺激ホルモン）
男女・性ホルモンの共通点は何か？	どちらも (⑲　　　　　) 化合物である
女性ホルモンの別名は？（表8参照）	卵胞ホルモンは (⑳　　　　　) 黄体ホルモンは (㉑　　　　　)
男性ホルモンの別名は？（表8参照）	(㉒　　　　　)
アンドロゲンの代表的化合物名は？（表8参照）	アンドロゲンのなかにも複数の化合物があり，作用の強いのはテストステロン
アンドロゲンの上位ホルモンは何か？	下垂体前葉からのLH（黄体形成ホルモン）が調節する

表8 性ホルモン

	ホルモン名	別名	分泌部位	化合物名
女性ホルモン	卵胞ホルモン	エストロゲン	卵胞	(㉓　　　　　) (E₂) ● エストロン エストリオール (E₃)
	黄体ホルモン	ゲスターゲン	黄体	(㉔　　　　　)
男性ホルモン		アンドロゲン	睾丸・間質細胞	テストステロン ● アンドロステンジオン デヒドロエピアンドロステロン

生理作用が強い

卵巣の組織（図6参照）

卵巣の組織	成熟卵胞	グーラフ卵胞ともいわれ，エストロゲンを分泌する
	黄体	排卵後の卵胞のあとに形成され，ゲスターゲンを分泌する
エストロゲンの代表的化合物は？		エストロゲンのなかにも複数の化合物があり，作用の強いのが（⑧⁵　　　　　　）（E₂）
エストロゲンの作用を挙げよ		女性の第2次性徴の発現と生殖機能の維持
		性周期（⑧⁶　　　　）を維持（卵胞成熟，子宮内膜の増殖を維持）
		卵細胞の成熟（排卵促進）
		膣上皮細胞の増殖を促進
黄体とは？		排卵後，卵胞に残った細胞が黄体細胞になり，卵胞は黄体になる
黄体ホルモンの作用を挙げよ（図7参照）		性周期（⑧⁷　　　　）を維持（エストロゲンと協力して）
		妊娠を維持，乳腺を発育
		排卵を強く抑制
		基礎体温を（⑧⁸　　）げる

図6 卵胞と黄体の図（卵巣周期）

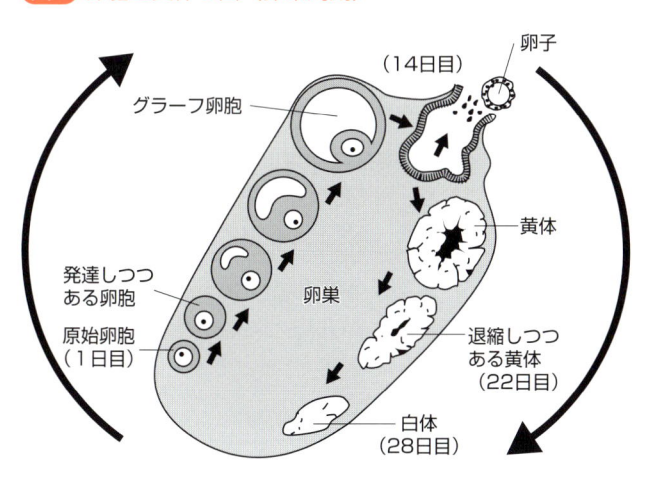

この図は左側の1日目から始まり，次第に卵胞が成熟していく過程を描いている．14日目で排卵し，卵胞の残った組織に脂肪が集まり，黄体となり，最後は白体となる．

図7 正常性周期の女性ホルモンの変化

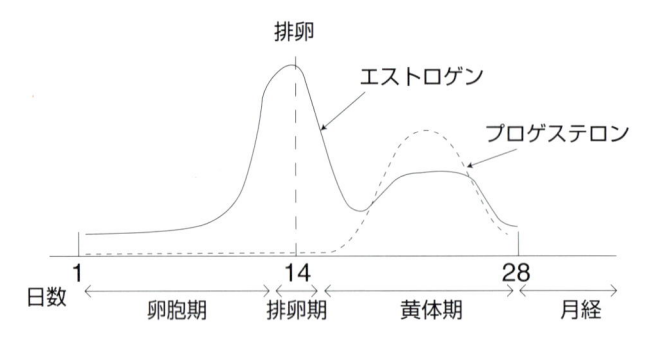

排卵
エストロゲン
プロゲステロン

日数 1　14　28
卵胞期　排卵期　黄体期　月経

➡︎補足

表9をみてホルモンの分泌される場所を覚えよう．

腎臓のホルモン

腎臓から分泌されるホルモンは何か？	(⁸⁹　　　　　　　　　　　)である
エリスロポエチンの作用は？	エリスロポエチンには造血作用があり，骨髄に働き(⁹⁰　　　　　)や網赤血球の分化を促進する ほかにヘモグロビンの合成や末梢血管への流出を促進させる
このホルモンの作用から腎臓が悪くなると，どのような症状があらわれるか？	貧血が起きる このような貧血を腎性貧血という

異所性ホルモン産生腫瘍

異所性ホルモン産生腫瘍とはどういう意味か？	腫瘍のなかにはホルモンを勝手につくるものがあり，ホルモンが本来産生される場所とは異なる場所（異所）の腫瘍で産生されることを指す
異所性ホルモン産生腫瘍の例を挙げよ	代表例は肺癌のなかの小細胞癌で，しばしばACTHやADHをつくることがある ACTHは脳下垂体前葉で本来はつくられる

表9 ホルモン分泌部位とホルモン名，代表的疾患のまとめ

	ホルモン産生臓器	分泌ホルモン	疾患名
機能亢進	下垂体前葉	成長ホルモン	（成長期では）巨人症
			（成人では）末端肥大症
	下垂体前葉	ACTH	（❾¹　　　　　）病
	甲状腺	チロキシン	（❾²　　　　　）病
	副甲状腺（上皮小体）	パラトルモン	高カルシウム血症
	副腎皮質	コルチゾール	（❾³　　　　　）症候群
	副腎皮質	アルドステロン	（❾⁴　　　　）症候群
	膵臓	インスリン	インスリノーマ（インスリン産生腫瘍）
機能低下	下垂体前葉	成長ホルモン	小人症
	甲状腺	チロキシン	（幼小児期では）クレチン病
			（成人では）粘液水腫
	膵臓	インスリン	糖尿病
	副腎皮質	コルチゾール	（❾⁵　　　　　）病
	副甲状腺（上皮小体）	パラトルモン	テタニー，低カルシウム高リン酸血症

IV 臓器の機能と生化学

1 腎臓の機能と疾患

腎臓の構造

腎臓は人体内のどこにあるか？	第11胸椎から第2腰椎にかけての高さで（❶　　　　）（腹膜の後ろにあって，腹膜に覆われていない）に位置する
なぜ腎臓は重要な臓器なのか？	腎臓の重量は体重の0.5%以下であるが，心拍出量（心臓が1回に拍出する血液量）の約（❷　　　）％に相当する血液が腎臓に流入する．このように血液が集中する臓器は重要で，他には脳・心臓がある
腎臓の組織は何から構成されるか？	腎臓の機能単位は（❸　　　　　）である 左右の腎臓にそれぞれ約100万個のネフロンがある
ネフロンはどのような構造か？（図1参照）	（（❹　　　　　））＋（（❺　　　　　））
腎小体はどのような構造か？（図2参照）	（（❻　　　　　））＋（（❼　　　　　　））
尿細管はどのような構造か？（図1参照）	（（❽　　　）尿細管）＋（（❾　　　　　）） ＋（（❿　　　）尿細管）
糸球体からの尿の排泄までの経路を挙げよ（表1参照）	糸球体→（⓫　　　　　　　）→近位尿細管→ヘンレの係蹄→遠位尿細管→集合管→腎盂→尿管→膀胱→尿道
ネフロンの機能を3つ挙げよ	①糸球体で（⓬　　　）の生成 ②尿細管での（⓭　　　　） ③尿細管での（⓮　　　　） これら3つが組み合わさって最終的に排泄する物質が選択される
糸球体を構成する細胞を挙げよ	内側から順に，次の3層構造 　①内皮細胞　②基底膜　③足細胞

足し算のかたちで覚えよう

駅名のように覚えよう

図1 ネフロンの微細構造

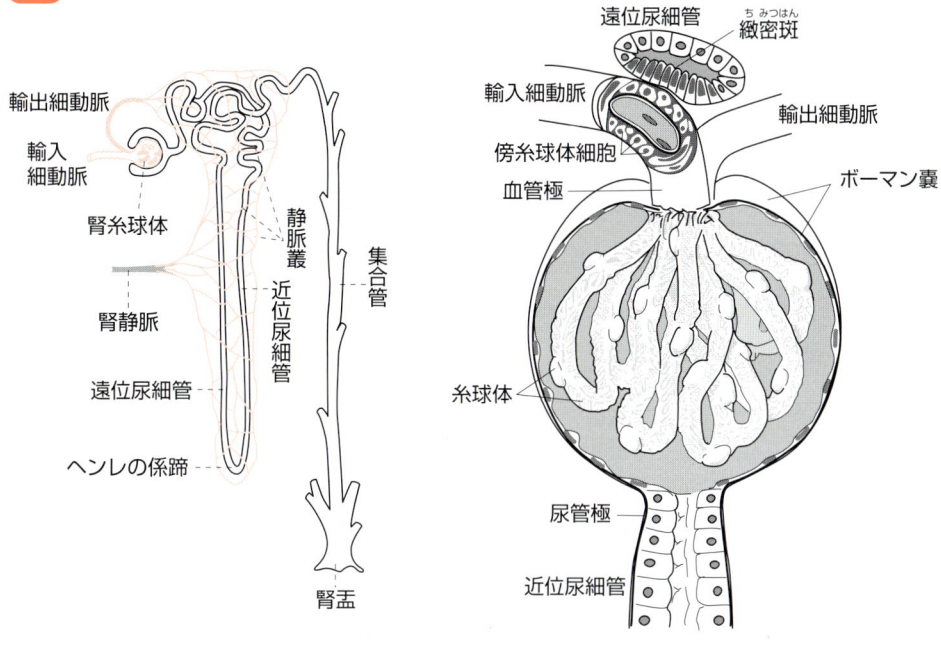

図2 腎小体の構造

表1 尿ができるまでの経路と各部の機能

	経路	機能
1	糸球体	血液の濾過
2	(⑮　　　　)	(⑯　　　)の生成
3	近位尿細管	尿の生成 (再吸収と分泌)
4	ヘンレの係蹄	
5	遠位尿細管	
6	集合管	尿の運搬
7	腎盂	
8	尿管	
9	膀胱	尿の貯留
10	尿道	尿の運搬

1　腎臓の機能と疾患

腎臓から分泌されるホルモン

腎臓の産生するホルモンは何か？	エリスロポエチン
エリスロポエチンはどこから分泌されるか？	近位尿細管細胞から分泌される
エリスロポエチンはどこに作用するか？	骨髄中の赤芽球前駆細胞（赤血球のおおもとの細胞）に作用して，赤血球へと分化を促進する
エリスロポエチンが分泌される刺激は何か？	腎組織の酸素濃度が低下すると分泌される
腎臓が悪くなるとエリスロポエチンは全身にどのような影響を及ぼすか？	腎性貧血を起こす

● 尿の生成

通常，糸球体で濾過されない物質の代表例は何か？	高分子である（❶⃝⃣ ）と血球を尿に出さない
糸球体で原尿が生成される仕組みは何か？	限外濾過といい，膜による濾過である 原尿はタンパク質と血球を含まない以外は，ほとんど血漿と同じ組成である
原尿の1日の生成量は？	180リットル
原尿から尿ができるまでに再吸収によってどれくらい濃縮されるか？	最終的に1日1.5リットルの尿ができるので，原尿の（❶⃝⃣ ）％は再吸収される
水分の再吸収を調節するホルモンはどこから分泌され，何というか？	水分の再吸収は，下垂体（❶⃝⃣ ）から分泌される（❷⃝⃣ ）（ADH）によって調節される 血液の浸透圧が上昇する（血液が濃い）状態では，ADHが分泌され，遠位尿細管に作用して水分の再吸収を促進するため，水分は血液側に移動し，尿は濃縮される
近位尿細管と遠位尿細管の機能は同じか？	違う（表2参照）

体内でのナトリウムイオンの意義は？	体液の浸透圧維持
ナトリウムの再吸収を調節するホルモンは何か？ （図3，表3参照）	副腎皮質から分泌される（㉑　　　）である アルドステロンはR（レニン）・A（アンギオテンシン）・A（アルドステロン）系によって分泌される アルドステロンは遠位尿細管のナトリウム再吸収に働く
アンギオテンシンの作用は？	血管平滑筋を収縮させて血圧上昇作用 副腎皮質に働いてアルドステロンを分泌させる
レニンとは何か？	アンギオテンシノーゲンに作用するタンパク分解酵素（プロテアーゼ）
どこから分泌されるか？	傍糸球体装置（傍糸球体細胞＋緻密斑） （図2参照）
体内でのカリウムの生理的役割は何か？	カリウムは細胞の内外濃度差により，細胞の静止電位を発生する．電池のようにエネルギーを蓄えた状態となる．これを細胞の興奮性という
細胞外のカリウム濃度が異常に上昇すると，細胞にどのような変化があらわれるか？	細胞内外のカリウム濃度差が低下し，細胞の興奮性が低下する
高カリウム血症は身体のどの組織に影響を与えるか？	高カリウム血症の異常は（㉒　　　）にあらわれ，進行すると徐脈となり，（㉓　　　）に陥る 高カリウム血症は直接，生命に関わる 血液透析は腎不全で体内にカリウムがたまり，放置すると心停止で死亡するので行われる 他の老廃物では尿毒症の症状は出るが，直接死に結びつくようなものではない
高カリウム血症では心電図にどのような影響が出るか？ （図4参照）	徐脈，心音は弱くなる はじめにとがった背の高いT波が出る 特徴はT波の増高，QRS幅増大，P波の平低化である

表2 尿細管の機能の違い

部位	機能
近位尿細管	グルコース，アミノ酸，Na^+，HCO_3^-，H_2Oなどを再吸収
遠位尿細管	Cl^-，Na^+，HCO_3^-，H_2Oなどを再吸収 H^+，K^+，薬物代謝産物などを血液から尿へ能動的に分泌する

図3 アルドステロンの分泌

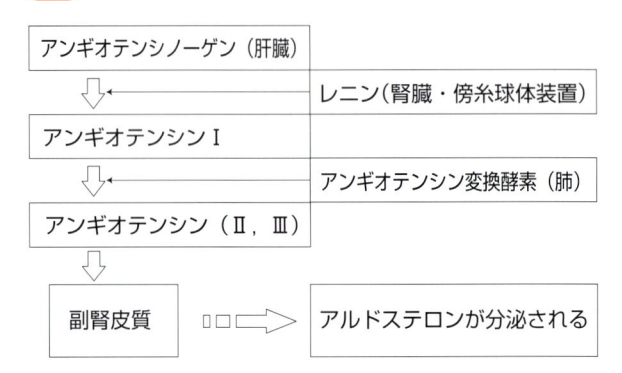

アンギオテンシノーゲン（肝臓）
↓ ← レニン（腎臓・傍糸球体装置）
アンギオテンシンⅠ
↓ ← アンギオテンシン変換酵素（肺）
アンギオテンシン（Ⅱ，Ⅲ）
↓
副腎皮質 ⇒ アルドステロンが分泌される

レニン分泌の調節因子
① 輸入細動脈の圧受容体から，血圧低下が感知されると，傍糸球体装置に伝わり，レニンが分泌される．
② 原尿のナトリウム濃度が低下すると，レニンが分泌される．
なお，レニンはかつてホルモンとして発見されたので，今でもホルモンと書いてある本もあるので，注意する．

表3 アルドステロン調節の経路の覚え方

R	レニン（腎臓）
A	アンギオテンシン（血液）
A	アルドステロン（副腎）

RAA（らー）と覚えよう．

図4 カリウム異常と心電図

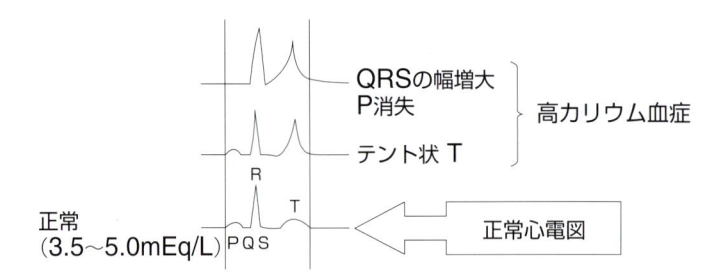

QRSの幅増大
P消失
テント状 T
}高カリウム血症

正常
（3.5〜5.0mEq/L）← 正常心電図

尿の成分

正常成分

成人健常者の1日の尿量はどのくらいか？	約（㉔　　）リットルと覚えておこう 1分間につくられる尿は平均1mLといわれ1mL/min.×60min.×24hours=1440mL/day=1.44リットル/dayに近いので，理屈とも合う もちろん，体調や季節で変動し，汗をかく夏場は尿量は減る
尿中の有機成分の代表的なものを挙げよ	尿素，尿酸，クレアチニン
尿中のアンモニアは血液のアンモニアが排泄されたものか？	違う．尿中のアンモニアは，血中アンモニアの排泄ではなく尿細管上皮細胞で，グルターミナーゼの作用でグルタミンから生じたものである．臨床検査では尿中アンモニアの測定はほとんど行われない 尿への排泄量は0.3～1.2g/day
血漿成分に含まれるが，通常は尿中にみられない成分は何か？	タンパク質とグルコース
糖尿は健常者では絶対出ることはないか？	健常者でも血糖が腎の糖閾値(170～180mg/dL)を超えると尿に出るので，注意が必要

タンパク尿と疾患

生理的タンパク尿が出るのはどんなときか？		（㉕　　）性，過激な運動，ストレス，多量の肉食，寒冷への暴露，熱い風呂への入浴後，月経前
病的タンパク尿	腎前性タンパク尿が出るのはどんなときか？	循環障害，血液疾患，熱性疾患，腸閉塞
	腎性タンパク尿が出るのはどんなときか？	糸球体腎炎，ネフローゼ症候群，動脈硬化性萎縮腎
	腎後性タンパク尿が出るのはどんなときか？	腎盂・尿管・膀胱・尿道などからの炎症性滲出物の混入，出血など

健常者でもタンパク尿が出ることがある

糖尿と疾患

高血糖性糖尿（高血糖，耐糖能の低下）を2つに分類すると？	①島性糖尿病（インスリンの絶対的不足）［島とはランゲルハンス島のこと］ ②島外性糖尿病；下垂体前葉・副腎などの機能亢進，クッシング症候群など
非高血糖性糖尿（空腹時血糖，耐糖能は正常）を3つに分類すると？	①特発性；過激な運動，ストレス，脳内出血 ②食事性；多量の糖質摂取 ③腎性（尿細管再吸収能低下）；腎性糖尿，中毒性腎障害，妊娠末期

●腎臓の機能検査と血液透析

尿希釈力とは？	水を大量に飲むと薄い尿が大量に出るように，体内に水分が多いとき，腎臓が薄い尿を大量に出して血液濃度を一定にする能力
尿濃縮力とは？	水分摂取の少ないときは濃い尿を少量排泄する このように体内に水分が少ないとき，腎臓が少量の濃い尿にして，体内に水分を残して血液濃度を一定にする能力をいう
クリアランス試験とは？	血液から尿へどのくらい老廃物が排泄されるかという指標である
クリアランスを求める式はどのようなものか？	$C = \dfrac{U \cdot V}{P} \times \dfrac{1.48}{A}$ C；クリアランス　　　　P；ある物質の血漿濃度 U；その物質の尿中濃度　V；1分間の尿量 A；被験者の体表面積（身長と体重から算出する） 1.48＝日本人の標準体表面積 Cは1分間に腎臓から尿中に排泄された特定の物質を含む血漿の容積（mL）であり，CmLの血漿に含まれている物質が1分間に完全に尿中に排泄された量をあらわす
特にクレアチニン・クリアランス試験が重要な理由は何か？（表4参照）	クレアチニン・クリアランス試験（Ccr）は腎機能の程度を知る一般的な指標となるため，臨床的に極めて重要である Ccr値によって腎障害の程度を表4のように分類している クレアチニン・クリアランス値はほぼ（㉖　　　　）（GFR）と一致する．そして，ネフロン減少とGFRの低下は平行関係があるので重要である

透析療法とは？（表5参照）	透析膜を用いて（㉗　　　　）を代行させる方法のこと
透析療法で血液から除去しなければならない最も重要な元素は何か？	血清（㉘　　　　）である 血清カリウムイオン濃度は心臓の動きと密接に関わり，6mEq/Lを超えると心電図に異常な動きがみられ，放置しておくと心停止に陥る 通常，血液中の老廃物といわれているもののなかで，生命の危機と直接結びつくものは血清（㉙　　　　）のみである
透析療法にはどのようなものがあるか？	①腹膜透析；人体内の腹膜を透析膜として使用する．腹膜カテーテルによって腹腔内に透析液を注入し，溶液の濃度勾配と浸透圧格差により溶質の除去と除水を図る．持続的に透析液を腹腔内にためておくCAPDという方法もある ②血液透析；血液の体外循環方式．透析器（人工腎臓）とブラッドアクセス（血液シャント），あるいは股静（動）脈へのシャルドンカテーテルの留置によって，体内に貯留した溶質の除去と除水を図る（週2，3回）

表4 クレアチニン・クリアランス試験Ccr値による腎障害の程度

腎障害の程度	Ccr値
正常	71mL/min.以上
軽度障害	51〜70mL/min.
中等度障害	31〜50mL/min.
高度障害	30mL/min.以下

表5 透析療法の開始基準

次の3つのうち2つの条件を満たすとき，透析療法が適用となる．

Ⅰ＊　臨床症状	A）乏尿または夜間多尿　B）不眠・頭痛　C）吐き気・嘔吐 D）腎性貧血　　　　　　E）高度高血圧　　F）体液貯留
Ⅱ　腎機能	内因性クレアチニン・クリアランス（㉚　　）mL/min.以下 血清クレアチニン（㉛　　）mg/dL以上
Ⅲ　活動力	日常生活が困難

＊Ⅰの臨床症状はA）〜F）の3つ以上を要する．

2 肝臓の機能と疾患

肝臓の概要

肝臓の機能単位は何か？	肝小葉（構造は図1，機能は表1参照） 肝細胞は肝細胞索という細胞の柱を形成している
肝小葉を区切る組織は何か？	結合組織とグリソン鞘で，グリソン鞘のなかには次の3本の管が通っている（図1参照） ①門脈からの枝 ②肝動脈からの枝 ③胆管
肝小葉のなかでの血液と胆汁はどう流れているか？	肝小葉のなかでの血液はグリソン鞘から中心静脈に向かって流れる 胆汁は血液と逆方向に流れる
肝硬変は肝臓で血流障害を起こし，側副血行路に血液が大量に流れ込む．重要な側副血行路を3つ挙げよ	肝硬変になると，次の血管に静脈血が迂回する ①食道静脈（食道静脈瘤になる） ②直腸静脈（痔静脈になる） ③傍臍静脈（メズーサの頭になる）
胆汁の主成分を2つ挙げよ	胆汁色素（(❶　　　　　)）と（❷　　　　　）
胆汁色素は何からできてきたか（何に由来するか）？	ヘモグロビンの（❸　　　　　）が分解してできた
胆汁酸は何からできてきたか（何に由来するか）？	（❹　　　　　　　　　　）である
胆汁酸に役割はあるか？	ある．脂肪の乳化作用があり，ミセルをつくり，脂肪を消化しやすくする
肝硬変，肝癌で肝機能が働かなくなると昏睡症状が出るが，どのような物質が関わるか？	肝臓では尿素回路でアンモニアの処理をしているが，肝不全では処理できないので，血中の（❺　　　　　）が上昇する アンモニアは中枢神経毒である
肝臓でつくられる凝固に関わる物質を2つ挙げよ	（❻　　　　　　　　　　）とプロトロンビン 肝臓が悪くなるとこれらが合成できないため，血液が凝固しにくくなる

図1 肝小葉の構造

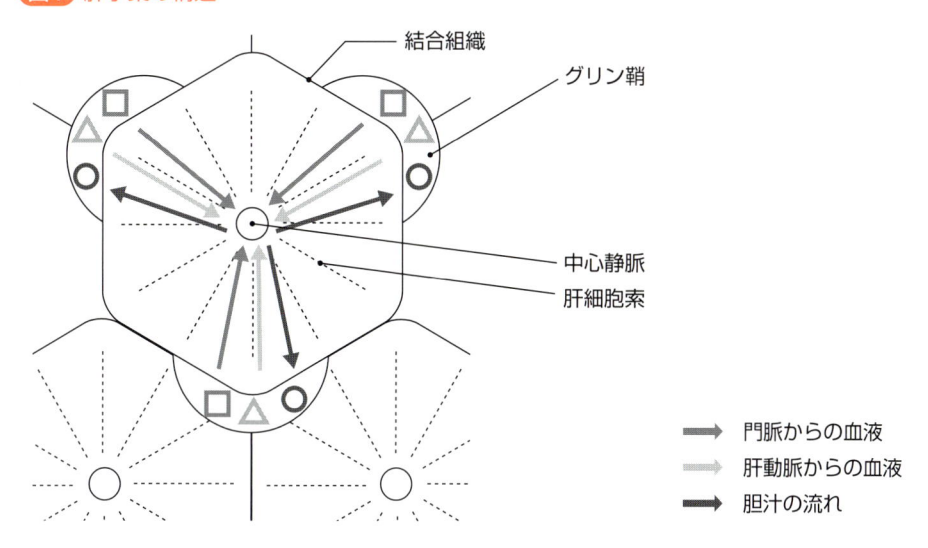

結合組織
グリン鞘
中心静脈
肝細胞索

➡ 門脈からの血液
➡ 肝動脈からの血液
➡ 胆汁の流れ

表1 肝臓の主要な機能

糖質	過剰なグルコースを（❼　　　　　　　　　）として貯蔵する グルコースを補給する場合は，グリコーゲンを分解する
タンパク質	小腸から吸収したアミノ酸から種々のタンパク質を合成する 特に，アルブミン・フィブリノーゲン・プロトロンビンは重要である
脂質	脂肪，リン脂質の合成 ●（❽　　　　　　　　　）の合成
解毒	体内で発生した（❾　　　　　　　　）を尿素として処理する 薬剤の代謝（薬のなかには肝臓で代謝されて初めて作用するように設計されているものがある）をする
胆汁の生成と分泌	胆汁はおもに肝臓でつくられた胆汁酸と，胆汁色素（ビリルビン）から成る

肝臓で合成されることに注意

🟠 黄疸 (表2, 図2参照)

黄疸とは？	何らかの原因で胆汁色素（⑩　　　　　　　）が体内にたまり，皮膚や粘膜など組織に沈着すること
ビリルビンは何からつくられるか？	（⑪　　　　　　　　　　　）のヘム部分よりできる
ビリルビンには種類があるか？	ある 直接ビリルビンと間接ビリルビンである これらの直接・間接ビリルビンを総称して総ビリルビンという どちらが優位かで，黄疸の型や原因を知ることができる
新生児の黄疸は常に病気か？	違う 新生児の（⑫　　　　　）黄疸は病気ではない 肝細胞内のグルクロン酸抱合酵素がまだ不十分なために起こり，間接ビリルビンが蓄積するためである しかし，限度を超えてビリルビンがたまった場合（特に脳，神経細胞にたまりやすい）は核黄疸となり，後遺症が残ることがある
胆囊の役割は何か？	胆囊は胆汁の貯蔵と濃縮をしている
腸肝循環とは？	胆汁として排出された直接ビリルビンは腸内細菌によって還元され，ウロビリノーゲンとなる このウロビリノーゲンが腸管から吸収され血流にのって肝臓に戻り，再度直接ビリルビンとなり胆汁中に排出される．この循環を指す
抱合型，非抱合型ビリルビンとは？	ビリルビンが肝臓のグルクロン酸抱合酵素の作用を受けたかどうかということである 抱合されると水溶性となり，抱合されないときは難溶性となる 間接ビリルビンは非抱合型ビリルビンである 直接ビリルビンは抱合型ビリルビンである
ビリルビンが他の物質と大きく異なる特徴は何か？	ビリルビンは黄色の化合物であるが，光に弱く光で分解する性質（光分解性）がある 新生児の黄疸の治療にはこれを応用して光線療法が行われる
ウロビリノーゲンは腸管でつくられるのだが，尿で検査するのはなぜか？	（⑬　　　　）循環で腸管から血液に吸収されたウロビリノーゲンは，濾過されて尿へ出てくるため

尿中ウロビリノーゲンの正常値は？	尿中ウロビリノーゲンの正常値は弱陽性（±）である 陰性（-）は閉塞性黄疸を意味する
閉塞性黄疸で完全に胆道が閉塞して胆汁が腸管に排出しないと，糞便の色はどうなるか？	(⑭　　　　　)になる
理学的に黄疸はどこを観察するか？	眼球結膜（白目）をみる
ビリルビンの正常参考値は？	間接ビリルビン…0.0～0.4mg／dL 直接ビリルビン…0.1～0.8mg／dL

表2 黄疸の分類

黄疸の種類	別表現	血中に上昇するビリルビン	原因
溶血性黄疸	肝前性黄疸	間接ビリルビン上昇	種々の原因で赤血球の破壊が亢進し，肝臓での処理能力を超えるほどのビリルビンが産生される黄疸である 赤血球に問題があるものと，赤血球以外に問題があるものとに分かれる
肝細胞性黄疸	肝性黄疸	さまざま	肝炎ウイルスや化学物質（四塩化炭素，クロロホルム，有機リン系化合物など）で肝細胞が直接障害を受け，肝臓でのビリルビンの処理ができなくなり起こる 体質性黄疸といわれる黄疸もこのなかに含まれるが，遺伝性のものでビリルビン処理の酵素が欠損しているため起こる
閉塞性黄疸	肝後性黄疸	直接ビリルビン上昇	結石や癌のため総胆管が閉塞されて起こる

図2 ビリルビン代謝

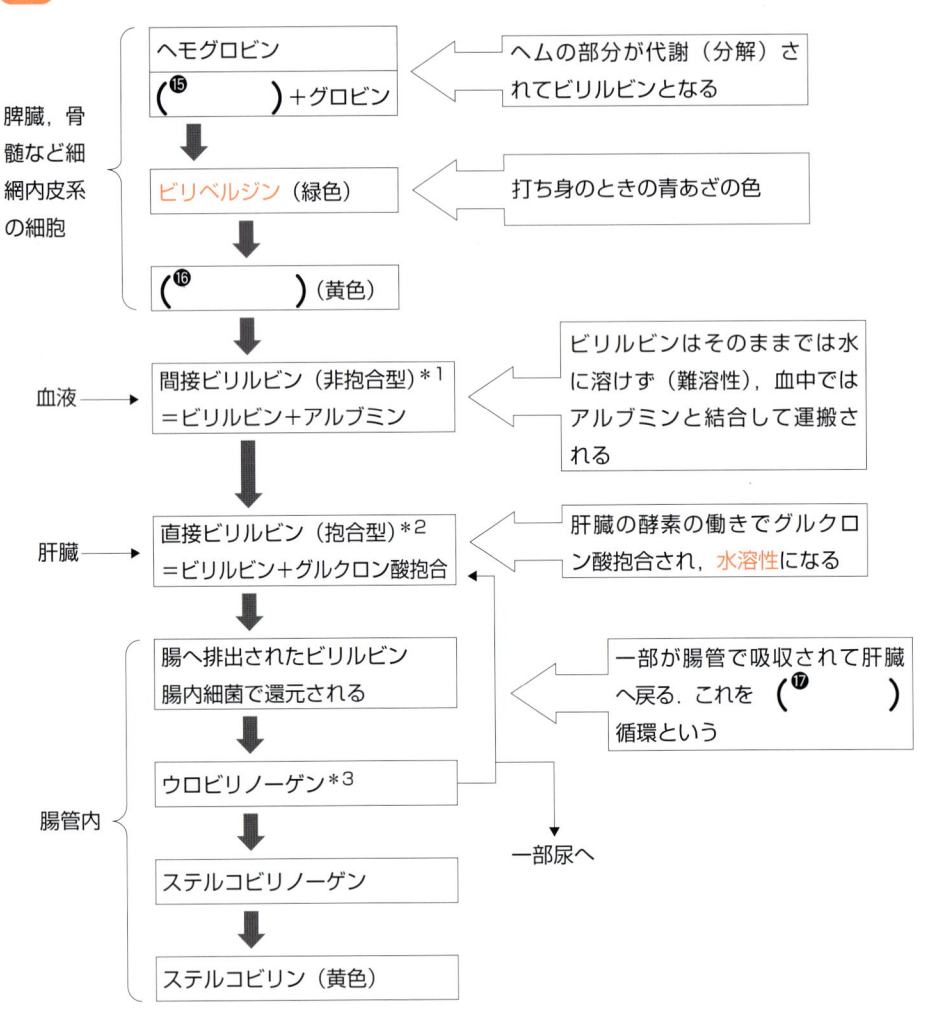

脾臓，骨髄など細網内皮系の細胞:
- ヘモグロビン ＝（⑮　　）＋グロブリン　←　ヘムの部分が代謝（分解）されてビリルビンとなる
- ↓
- ビリベルジン（緑色）　←　打ち身のときの青あざの色
- ↓
- （⑯　　）（黄色）
- ↓

血液 →　間接ビリルビン（非抱合型）*1 ＝ビリルビン＋アルブミン　←　ビリルビンはそのままでは水に溶けず（難溶性），血中ではアルブミンと結合して運搬される
↓

肝臓 →　直接ビリルビン（抱合型）*2 ＝ビリルビン＋グルクロン酸抱合　←　肝臓の酵素の働きでグルクロン酸抱合され，水溶性になる
↓

腸管内:
- 腸へ排出されたビリルビン　腸内細菌で還元される　←　一部が腸管で吸収されて肝臓へ戻る．これを（⑰　　）循環という
- ↓
- ウロビリノーゲン*3 　→　一部尿へ
- ↓
- ステルコビリノーゲン
- ↓
- ステルコビリン（黄色）

*1　血中のアルブミンと結合したもの（難溶性）
*2　肝細胞を経てグルクロン酸抱合したもの（水溶性）
*3　尿中のウロビリノーゲンは酸化されて褐色のウロビリンとなる．
　　ウロビリノーゲンとウロビリンをあわせてウロビリン体という．

解答

I 細胞と構成物質

1 細胞

P.2 …… ❶DNA ❷RNA ❸リボソーム ❹細胞分裂 ❺加水分解 ❻エネルギー ❼形質膜

P.4 …… ❽デオキシリボ核酸 ❾リボ核酸 ❿転写（てんしゃ）

P.6 …… ⓫水素 ⓬相補的（そうほてき） ⓭クエン酸 ⓮クリステ ⓯赤血球

P.7 …… ⓰アデニン ⓱アデニン ⓲グアニン ⓳グアニン ⓴チミン ㉑ウラシル ㉒シトシン ㉓シトシン ㉔デオキシリボース ㉕リボース ㉖リン酸 ㉗リン酸

P.8 …… ㉘リン脂質 ㉙解糖系 ㉚細胞骨格

P.9 …… ㉛赤血球

2 糖質

P.10 …… ❶炭水化物 ❷エネルギー ❸4 ❹ブドウ糖 ❺水溶性 ❻還元性 ❼立体異性 ❽糖鎖

P.11 …… ❾-OH ❿-CHO ⓫=C=O

P.12 …… ⓬脳 ⓭グルコース ⓮血糖 ⓯70 ⓰110 ⓱アルドース ⓲ヘキソース ⓳50 ⓴低血糖 ㉑D-グルコピラノース

P.14 …… ㉒水 ㉓グリコシド ㉔スクロース ㉕グルコース ㉖フルクトース ㉗シュークロース ㉘ラクトース ㉙ガラクトース ㉚グルコース ㉛マルトース ㉜グルコース ㉝グルコース ㉞α ㉟β ㊱グルコース

P.15 …… ㊲D体

P.16 …… ㊳フルクトース ㊴フラノース ㊵ピラノース

P.18 …… ㊶細胞壁 ㊷アミロース ㊸アミロペクチン ㊹α化 ㊺動物 ㊻筋肉 ㊼肝臓

3 アミノ酸とタンパク質

P.20 …… ❶1 ❷20 ❸塩基 ❹酸 ❺両性

P.21 …… ❻立体異性体 ❼L ❽アミノ基 ❾カルボキシル基 ❿側鎖 ⓫α炭素 ⓬アルギニン ⓭小児期 ⓮メチオニン ⓯フェニルアラニン ⓰リシン ⓱ヒスチジン ⓲トリプトファン ⓳イソロイシン ⓴ロイシン ㉑バリン ㉒スレオニン

P.23 …… ㉓アミノ基 ㉔カルボキシル基 ㉕-COOH ㉖-NH₂ ㉗-CO-NH-

P.24 …… ㉘プロテイン ㉙16 ㉚DNA ㉛免疫グロブリン

P.25 …… ㉜抗体

P.26 …… ㉝アミノ ㉞カルボキシル ㉟アミノ ㊱水素結合 ㊲αらせん ㊳β ㊴サブユニット

P.27 …… ㊵等電点 ㊶電気泳動 ㊷電気泳

135

動法　❹₃280

4 酵素

P.28……❶タンパク質　❷タンパク質　❸基質　❹基質特異性　❺活性中心

P.29……❻補因子　❼アポ酵素　❽ホロ酵素　❾補酵素　❿金属イオン

P.30……⓫肝　⓬アイソザイム　⓭サブユニット　⓮5　⓯肝臓　⓰心臓　⓱赤血球　⓲心筋　⓳MB

P.31……⓴肝臓　㉑肝炎　㉒急性膵炎　㉓耳下腺炎　㉔心筋　㉕アルコール過飲

P.32……㉖〜アーゼ　㉗CK　㉘アロプリノール

5 脂質

P.34……❶中性　❷水溶性　❸低級　❹高級

P.35……❺R-COOH

P.36……❻グリセロール　❼脂肪酸　❽エステル　❾18

P.37……❿リノール酸　⓫リノレン酸　⓬アラキドン酸　⓭必須

P.38……⓮中性脂肪　⓯トリグリセリド　⓰脂肪細胞　⓱リパーゼ　⓲膵臓　⓳スフィンゴシン

P.39……⓴メチル　㉑エチル　㉒ヒドロキシル　㉓メタノール　㉔エタノール　㉕エーテル　㉖アルデヒド　㉗ケトン　㉘カルボキシル　㉙酢酸　㉚アミノ　㉛ニトロ

P.40……㉜細胞膜　㉝グリセロール　㉞ホスファチジルコリン　㉟スフィンゴシン　㊱スフィンゴミエリン　㊲ホスホリパーゼ　㊳膵臓

P.41……㊴粥状（じゅくじょう）動脈硬化症　㊵肝臓

P.42……㊶リポタンパク質　㊷リン脂質　㊸比重　㊹大きい　㊺超低密度リポタンパク質　㊻低密度リポタンパク質

P.43……㊼リン脂質　㊽アポリポタンパク質　㊾コレステロールエステル　㊿トリアシルグリセロール

6 ビタミン

P.44……❶欠乏症　❷水溶性　❸脂溶性　❹E　❺C　❻B群　❼脂溶性　❽ビオチン　❾プロビタミン

P.45……❿カロチン　⓫プロビタミン　⓬レチノール　⓭ロドプシン　⓮カロチン　⓯レチノール

P.46……⓰カルシフェロール　⓱コレステロール　⓲日光　⓳腎不全　⓴フィロキノン　㉑遅延　㉒腸内細菌　㉓しない　㉔新生児　㉕抗生物質

P.47……㉖ワーファリン　㉗紫外線　㉘肝臓　㉙活性型　㉚腎臓　㉛レチノール　㉜ロドプシン　㉝夜盲症　㉞カルシフェロール　㉟カルシウム　㊱クル病　㊲トコフェロール　㊳フィロキノン　㊴凝固　㊵遅延　㊶出血傾向

P.48……㊷補酵素　㊸神経　㊹ビタミンB_1　㊺鈴木梅太郎　㊻コバルト　㊼内因子　㊽胃全摘　㊾巨赤芽球性貧血　㊿核酸　51コラーゲン　52核酸塩基　53補酵素　54巨赤芽球性貧血

P.49……55チアミン　56補酵素　57脚気

❺❽リボフラビン ❺❾補酵素 ❻⓿ピリドキシン ❻❶補酵素 ❻❷シアノコバラミン ❻❸コバルト ❻❹内因子 ❻❺巨赤芽球性貧血 ❻❻アスコルビン酸 ❻❼壊血病 ❻❽ニコチン酸 ❻❾補酵素 ❼⓿ペラグラ ❼❶テトラヒドロ葉酸 ❼❷核酸 ❼❸巨赤芽球性貧血

II 物質代謝とエネルギー代謝

1 糖の消化・吸収と代謝

P.52……❶デンプン ❷アミロース ❸アミロペクチン ❹αアミラーゼ ❺唾液 ❻膵液 ❼違う ❽アイソザイム

P.53……❾小腸 ❿単糖 ⓫$β1$ ⓬4 ⓭αアミラーゼ ⓮デキストリナーゼ ⓯グルコアミラーゼ ⓰マルターゼ ⓱グルコース

P.54……⓲乳酸 ⓳ATP ⓴嫌気的 ㉑好気的 ㉒運動 ㉓解糖系 ㉔乳酸 ㉕B ㉖ナイアシン ㉗細胞質基質 ㉘糖新生 ㉙赤血球 ㉚ミトコンドリア

P.55……㉛D-グルコース6-リン酸 ㉜D-フルクトース1,6-二リン酸 ㉝ピルビン酸 ㉞律速 ㉟律速 ㊱ヘキソキナーゼ ㊲ホスホフルクトキナーゼ ㊳ピルビン酸キナーゼ

P.56……㊴TCA ㊵ピルビン ㊶酸素 ㊷好気性 ㊸ミトコンドリア ㊹アセチルCoA ㊺ミトコンドリア ㊻マトリクス ㊼アセチルCoA ㊽パントテン酸 ㊾酢酸 ㊿CO_2 51CO_2 52NADH 53$FADH_2$ 54GTP 55GTP

P.57……56電子伝達系 57クエン酸 58イソクエン酸 59α-ケトグルタル酸 60スクシニルCoA 61コハク酸 62フマル酸 63リンゴ酸 64オキサロ酢酸

P.58……65水素 66ミトコンドリア 67内膜 68 3 69 2 70酸化還元

P.59……71 3 72 2 73GTP 74アセチルCoA 75クレアチンリン酸 76 36 77 38 78二酸化炭素 79水

P.60……80 36

P.61……81インスリン 82B 83解糖 84グリコーゲン 85ヘキソキナーゼ 86グルカゴン 87コルチゾール 88アドレナリン 89下 90下

P.62……91脳 92糖新生 93ミトコンドリア 94乳酸 95グルコース 96肝臓 97筋肉

P.63……98低下 99解糖系 100ヘキソキナーゼ 101ホスホフルクトキナーゼ 102ピルビン酸キナーゼ 103UDP-グルコース 104グリコーゲン合成酵素 105グリコーゲンホスホリラーゼ

2 タンパク質の消化・吸収と代謝

P.66……❶窒素 ❷16 ❸窒素 ❹窒素 ❺ゼロ

P.67……❻中性 ❼中性 ❽炭酸水素ナトリウム ❾門脈

P.68……❿G ⓫ガストリン ⓬血液中 ⓭主 ⓮ペプシン ⓯2 ⓰ガス

トリン ⑰ガストリン ⑱上腸間膜 ⑲門脈

P.69……⑳アミノ基転移 ㉑酸化的脱アミノ ㉒尿素 ㉓トランスアミナーゼ ㉔B_6 ㉕補酵素

P.70……㉖GOT ㉗GPT ㉘肝臓 ㉙オキサロ酢酸 ㉚ピルビン酸 ㉛グルタミン酸 ㉜アンモニア ㉝α-ケトグルタル酸 ㉞アミノ基転移 ㉟酸化的脱アミノ ㊱尿素

P.71……㊲アスパラギン酸 ㊳オキサロ酢酸 ㊴アンモニア

P.72……㊵肝臓 ㊶尿素 ㊷尿素 ㊸オルニチン ㊹アスパラギン酸 ㊺腸内細菌

P.73……㊻ATP

P.74……㊼糖原性 ㊽アラニン ㊾ケト原性 ㊿ポルフィリン (51)アドレナリン (52)グルコース (53)アラニン

P.75……(54)ヘモグロビン (55)シトクロム (56)グリシン (57)スクシニルCoA (58)鉄

P.76……(59)グリシン (60)δ-アミノレブリン酸 (61)鉄 (62)ヘム (63)ヘモグロビン (64)アドレナリン (65)副腎髄質 (66)神経伝達物質 (67)チロシン (68)脱炭酸反応 (69)フェニルアラニン

P.77……(70)フェニルケトン (71)フェニルピルビン酸 (72)ガスリー (73)メチル (74)フェニルアラニン (75)フェニルケトン尿症 (76)ヨウ素 (77)メラニン (78)ドーパミン (79)ノルアドレナリン (80)アドレナリン

P.78……(81)アミン (82)カルボキシル基 (83)アミノ酸脱炭酸 (84)神経伝達物質 (85)筋肉 (86)クレアチンリン酸

P.79……(87)腎臓

3 脂質の消化・吸収と代謝

P.80……❶中性脂肪 ❷中性脂肪 ❸リン脂質 ❹コレステロール ❺18 ❻2 ❼18 ❽3 ❾20 ❿4 ⓫膵臓

P.81……⓬中性脂肪 ⓭コレステロール・エステル ⓮コレステロール・エステル ⓯コレステロール ⓰脂肪酸 ⓱リン脂質

P.82……⓲肝臓 ⓳コレステロール ⓴ファーター ㉑乳化 ㉒ミセル ㉓アルコール ㉔エステル ㉕和 ㉖エステル型

P.83……㉗粘膜上皮 ㉘リンパ管 ㉙キロミクロン ㉚リンパ管 ㉛胸管 ㉜左鎖骨下 ㉝乳ビ ㉞キロミクロン ㉟リポタンパク質リパーゼ ㊱アルブミン

P.84……㊲アポリポタンパク質 ㊳キロミクロン ㊴乳ビ

P.85……㊵エネルギー源 ㊶カルボキシル ㊷脂肪酸 ㊸ミトコンドリア ㊹アシルCoA ㊺アシルカルニチン ㊻位置 ㊼β ㊽2 ㊾2 ㊿β (51)クエン酸

P.86……(52)1 (53)5 (54)12 (55)ケトン体 (56)酸性度 (57)ケトアシドーシス (58)ケトーシス (59)グルコース

P.87……(60)カルニチン (61)クエン酸 (62)2

P.88……(63)ケトーシス (64)解糖系 (65)β酸

化　(66)解糖系　(67)β酸化　(68)肝臓　(69)体内　(70)アセチルCoA　(71)胆汁酸

P.89……(72)アセチルCoA　(73)メバロン酸　(74)スクアレン　(75)胆汁酸

P.90……(76)細胞膜　(77)胆汁酸　(78)ビタミンD　(79)ステロイド　(80)LDL　(81)HDL

P.91……(82)脂肪酸　(83)上昇　(84)低下　(85)中性脂肪　(86)アポリポタンパク質　(87)リポタンパク質リパーゼ　(88)トリアシルグリセロール

P.92……(89)小腸　(90)肝臓　(91)小腸　(92)VLDL　(93)肝臓　(94)B　(95)A

P.93……(96)コレステロール　(97)受容体　(98)B　(99)肝臓　(100)50　(101)運動　(102)アルコール　(103)肥満　(104)喫煙

P.94……(105)不飽和　(106)前立腺　(107)アラキドン酸　(108)カスケード　(109)ホスホリパーゼA_2　(110)シクロオキシゲナーゼ　(111)リポキシゲナーゼ　(112)局所　(113)オータコイド

P.95……(114)ホスホリパーゼA_2　(115)アスピリン　(116)リポキシゲナーゼ　(117)シクロオキシゲナーゼ

4 水と電解質の代謝

P.96……①60　②75　③低い　④細胞内液　⑤2　⑥1　⑦減少　⑧80　⑨50　⑩血漿　⑪リンパ　⑫3　⑬タンパク質　⑭浮腫（ふしゅ）　⑮グルコース　⑯代謝水

P.97……⑰組織液　⑱脈管内液　⑲血漿　⑳リンパ液　㉑1500　㉒代謝水

P.98……㉓カリウム　㉔ナトリウム　㉕心筋　㉖心停止　㉗8　㉘浸透圧　㉙浮腫　㉚テタニー　㉛亢進

P.99……㉜35　㉝細胞内　㉞リン酸　㉟筋肉　㊱凝固　㊲5

P.100……㊳頻脈　㊴徐脈　㊵心停止　㊶カリウム　㊷浮腫

P.101……㊸トランスフェリン　㊹男性　㊺女性　㊻鉄欠乏性　㊼セルロプラスミン　㊽ウィルソン　㊾セルロプラスミン

Ⅲ　ホメオスタシス

1 ホルモン

P.104……①内分泌　②ホメオスタシス　③受容体　④フィードバック　⑤正　⑥負　⑦ペプチド　⑧ステロイド　⑨アミノ酸

P.105……⑩機能亢進　⑪機能低下　⑫もたない　⑬ホルモン　⑭消化酵素　⑮微量　⑯血液中

P.106……⑰蝶形骨　⑱腺性　⑲神経性　⑳ペプチド　㉑視床下部　㉒ソマトメジン　㉓ゴナドトロピン

P.107……㉔GH　㉕LH　㉖FSH　㉗TSH　㉘PRL　㉙ACTH　㉚ADH

P.108……㉛基礎代謝量　㉜ではない　㉝濾胞（ろほう）　㉞ヨウ素　㉟T_4　㊱T_3　㊲チロシン　㊳バセドウ　㊴粘液水腫　㊵クレチン　㊶傍濾胞（ぼうろほう）　㊷C

P.110……㊸パラトルモン　㊹テタニー　㊺ステロイド　㊻ACTH　㊼コルチゾール

P.111……㊽クッシング　㊾レニン　㊿遠位

尿細管　(51)皮質　(52)髄質

P.112……(53)レニン　(54)RAA　(55)アンギオテンシン　(56)アルドステロン

P.113……(57)交感　(58)アドレナリン　(59)ノルアドレナリン　(60)血糖　(61)血圧　(62)高峰譲吉　(63)ストレス　(64)交感　(65)カテコールアミン　(66)神経芽細胞腫

P.114……(67)ランゲルハンス島　(68)インスリン　(69)グルカゴン　(70)ペプチド　(71)グルコース　(72)脂肪　(73)ペプチド

P.115……(74)ペプチド　(75)G　(76)ゾリンジャー・エリソン　(77)G

P.116……(78)脳下垂体　(79)ステロイド　(80)エストロゲン　(81)ゲスターゲン　(82)アンドロゲン　(83)エストラジオール　(84)プロゲステロン

P.117……(85)エストラジオール　(86)前半　(87)後半　(88)上

P.118……(89)エリスロポエチン　(90)赤血球

P.119……(91)クッシング　(92)バセドウ　(93)クッシング　(94)コン　(95)アジソン

Ⅳ　臓器の機能と生化学

1 腎臓の機能と疾患

P.122……①後腹膜　②20　③ネフロン　④腎小体　⑤尿細管　⑥糸球体　⑦ボーマン嚢（のう）　⑧近位　⑨ヘンレの係蹄（けいてい）　⑩遠位　⑪ボーマン嚢　⑫原尿　⑬再吸収　⑭分泌

P.123……⑮ボーマン嚢　⑯原尿

P.124……⑰タンパク質　⑱99　⑲後葉　⑳抗利尿ホルモン

P.125……㉑アルドステロン　㉒心筋　㉓心停止

P.127……㉔1.5　㉕起立

P.128……㉖糸球体濾過値

P.129……㉗腎機能　㉘カリウム　㉙カリウム　㉚10　㉛8

2 肝臓の機能と疾患

P.130……①ビリルビン　②胆汁酸　③ヘム　④コレステロール　⑤アンモニア　⑥フィブリノーゲン

P.131……⑦グリコーゲン　⑧コレステロール　⑨アンモニア

P.132……⑩ビリルビン　⑪ヘモグロビン　⑫生理的　⑬腸肝

P.133……⑭灰白色

P.134……⑮ヘム　⑯ビリルビン　⑰腸肝

索引

●欧文●

A
ABO式血液物質　10
ACTH　118
ATP　54, 72, 88

C
CK　33
CO_2　72
-COOH　21, 23, 78
CRH　107
C末端　26

D
Diabetes Mellitus　64
DM　64
DNA　4, 5, 7
DOPA　77
D体　15, 21

G
GABA　74
GFR　128
GHIF　107
GOT　33, 71
GPT　71
GRH　107

H
-H　21
HCl　68
HMG-CoA　89
HMG-CoA還元酵素　89

L
LDH　31, 33
LDL　93
LH-RH　107
LPL　83, 91
L体　15, 21

M
mRNA　4

N
$-NH_2$　20, 21, 23
N末端　26

O
-OH　41
-OH基　22

P
pH　27
PIF　107
protein　24
P波の平低下　125

Q
QRS幅増大　100, 125

R
-R　21
R-　34
RNA　4, 7
R-OH　34
rRNA　4

S
S原子　22

T
T_3　108, 109
T_4　109
TRH　107, 109
tRNA　4
TSH　109
T波の増高　100, 125

U
UV法　27

●和文●

あ
アイソザイム　31
アクチン　25
アジソン　110
アシルカルニチン　87
アシル基　34
アシルCoA　85, 87
アスパラギン酸　23, 72, 75
アセチルCoA　57, 64, 74, 85, 86
アセト酢酸　86
アセトン　39, 86
アデニン　75
アドレナリン　84
アノマー　12
アポAⅠ　93
アポAⅡ　93
アポ酵素　29
アミノ基　20, 23, 35, 72
アミノ基の中継　69
アミノ酸　20, 21, 23, 25, 67, 68, 69
アミン　79
アラキドン酸　36, 80, 94
アラキドン酸代謝　95
アラニン　21
アルカリ性　115
アルカリ性硫酸銅　27
アルギニン　78
アルキル基　34
アルコール　34, 36, 38, 39, 41
アルコール基　11, 17
アルデヒド　39
アルデヒド基　17
アルドース　10, 11
アルドステロン　112, 125, 126
アルドステロン調節　126
α-アミノ酸　71
α位　21, 85
$\alpha1 \to \alpha6$　53
$\alpha1 \to 4$結合　52
$\alpha1 \to 6$結合　52
α-ケトグルタル酸　70
α-ケト酸　71
α限界デキストリン　52

α 酸化　85
α 炭素　20, 21
α-D-グルコピラノース　12
α リポタンパク質　42
アルブミン　25
アロステリック酵素　32
アンギオテンシン　111, 125, 126
安静時　85
アンモニア　69, 72

■い■
胃　68
硫黄　24
イオンNa^+　98
イオンK^+　98
胃酸　68
異常石灰化　99
イソロイシン　22
1分子　54
逸脱酵素　30, 31, 32, 33
遺伝子　24
胃幽門前庭部粘膜　115
インスリン　25
インスリン依存型糖尿病　64
インスリン非依存型糖尿病　64
インドール環　22

■う■
ウラシル　75
運動　31

■え■
液体　36
エステル　91
エステル型　83
エステル結合　35, 39
エストリオール　116
エストロゲン　107
エーテル　36, 39
エネルギー　59
エネルギー貯蔵物質　80
エピネフィリン　114, 77
エムデン・マイヤーホッフ経路　54
エラスターゼ　67
エラスチン　25
塩基　5, 6, 7, 66, 68
塩酸HCl　68

■お■
黄体　117
黄疸　132, 133
オキサロ酢酸　70
オプシン　45

ω 酸化　85
オリゴペプチド　66, 67

■か■
解糖系反応　55
外分泌腺　80, 104, 105
外膜　7
鍵と鍵穴の関係　28
核　2, 9
核酸塩基　75
核小体　2
核膜　2
下垂体後葉　107
下垂体前葉　107
下垂体ホルモン　106
加水分解　59
加水分解酵素　9
ガストリン　115
ガソリン・エンジン　88
褐色細胞腫　113
活性化エネルギー　28
活性中心　29
滑面小胞体　2
カテコールアミン　76, 77, 114
果糖　11, 17
ガラクトース　53
カリウム　126
カルシウム　90, 99
カルシトニン　108
カルニチン　85
カルボキシペプチダーゼA　67
カルボキシペプチダーゼB　67
カルボキシル基　20, 36
カルボシル基　11, 23, 35
カルボン酸　35, 39
肝炎　31
肝癌　72
還元反応　49
肝硬変　72
環状構造　13
肝性昏睡　72
肝性脳症　72
間接ビリルビン　132, 133
肝臓　62, 70, 72, 78, 130
官能基　39
γ 位　85

■き■
基質特異性　28, 29
拮抗作用　109
キモトリプシン　67
ギャバ　74
球状タンパク質　24, 25

胸管　68
凝固因子　25
キロミクロン　42, 84
筋肉　62
筋肉量　79

■く■
グアニジド酢酸　78
グアニン　75
グアノシン三リン酸　56
クエン酸回路　57
グリコーゲン　14, 19, 52
グリコーゲンホスホリラーゼ　62
グリシン　75, 78
クリステ　7
グリセロール　37, 39, 83
グリセロリン脂質　40
グルカゴン　84
グルクロン酸抱合酵素　132
グルコース　11, 53, 60, 62, 88
グルコース代謝　54
グルコース6-ホスファターゼ　63
グルタミン　75, 127
グルタミン酸　23, 71
くる病　99
クレアチニン　78, 79
クレアチニン係数　79
クレアチン　74, 78, 79
クレアチンキナーゼ　78
クレアチン・クリアランス試験　129
クレブス-ヘンゼライト回路　72
グロビン　76
グロブリン　25
クロマチン　4, 5
クロム親和性　113

■け■
系統名　32
けいれん　100
血圧の調節　107
血液透析　129
血管拡張作用　95
血球　124
血清クレアチニン　79
血清総タンパク　27
血中リポタンパク質　91, 92
血糖　61
ケトアシドーシス　64
ケト酸　69
ケトース　10, 11, 16
ケトン　39
ケトン基　17

ケトン体　74, 86, 88
ケラチン　25
限外濾過　124
嫌気的　55
嫌気的呼吸　8

■こ■

抗炎症作用　110
高級脂肪酸　37
抗酸化剤　47
甲状腺　109
甲状腺刺激ホルモン　108
甲状腺ホルモン　108, 109
光線療法　132
酵素　25, 28, 29, 30, 32, 33
酵素反応　29
抗体　25
強直性けいれん　98
抗動脈硬化因子　92
高比重リポタンパク質　42
高分子　24, 25
興奮性　125
後葉　106
効率　28
糊化　18
呼吸鎖　58
固体　36
骨格筋型　30
骨格筋由来　30
骨粗鬆症　99, 109
コラーゲン　25
コリ回路　62
ゴルジ体　2, 9
コルチゾール　112
コレシストキニン　115
コレステロール　41, 84, 88, 89, 93
コレステロール・エステル　41, 81, 84
コン症候群　111

■さ■

サイアミン　49
再吸収　78, 79
最適温度　28
最適pH　28
細胞　2, 3
細胞外　99
細胞外液　100
細胞内液　100
細胞膜　2, 8, 90
サイロキシン　77
鎖状構造　12

三価　36
酸化　36
酸化的脱アミノ反応　70
酸化的リン酸化　58
酸化反応　49
酸化的脱アミノ反応　71
酸性側　27
酸素　10, 24
三大栄養素　73

■し■

子宮　94, 107
子宮収縮作用　94
糸球体腎炎　127
自己融解　9
脂質　34, 36, 37, 68, 80, 83, 92
脂質消化酵素　81
脂質2重層　8, 40
視床下部　109
視床下部ホルモン　107
視神経炎　49
シトクロム　58
シトシン　75
ジペプチド　67
脂肪酸　35, 37, 39, 74, 83, 85, 88
重合　25
重炭酸イオン　115
消化管ホルモン　115
小細胞癌　118
脂溶性ビタミン　45, 47
小腸　45
上腸間膜静脈　67
小腸絨毛　84
上皮小体ホルモン　110
食品　38
食物　84
女性ホルモン　118
ショ糖　14
心筋型　30
心筋梗塞　31, 33
神経　40
神経組織　106
腎障害　129
腎小体　123
親水性　34, 42, 43
腎性貧血　118
腎臓　98, 122, 128
人体成分　97
浸透圧　125
腎の糖閾値　64
腎不全　79
心理的緊張　113

■す■

膵炎　31
推奨名　32
水素　10, 20
膵臓　52, 81
膵臓ホルモン　114
膵臓ランゲルハンス島　61
水分　97
睡眠時　108
水溶性　134
水溶性ビタミン　48, 49
スクシニルCoA　76
スクラーゼ　53
ステロイド　41
ステロイド化合物　41
スクロース　53
スフィンゴリン脂質　40

■せ■

精液　94
正荷電　27
静止電位　98, 125
正常性周期　118
性腺刺激ホルモン　106
性腺ホルモン　90
生体内触媒　28
清澄因子　83
成長期　31
成長ホルモン　25
静電結合　26
性ホルモン　41, 116
セクレチン　115
赤血球　62
セラミド　38, 40
セルロース　14
セルロース消化酵素　18
セレブロシド　38
セロトニン　74
繊維状タンパク質　25
染色体　5
選択性　28
先頭　26
前葉　106
前立腺　31, 107

■そ■

総胆管　82
早朝安静空腹時　108
総ビリルビン　132
阻害剤　32
側鎖　20
促進　95
疎水性　34, 35, 43

粗面小胞体　2, 9
損傷程度　30

■た■

体液　97
代謝経路　88
代謝全般　64
体重減少　64
多飲　64
唾液腺　52
多食　64
脱水縮合　14
脱水症　100
脱水素酵素　71
脱炭酸反応　78, 79
多尿　64
多発性神経炎　49
多量の糖質摂取　128
単位　28
炭化水素鎖　34, 36, 38, 39, 85
単結合　36
短鎖脂肪酸　83
胆汁酸　41, 131
単純タンパク質　25
炭素　10, 11
単糖　11
単糖類　10, 11
胆嚢　115
タンパク質　24, 25, 26, 27, 66, 68
タンパク質消化酵素　67
タンパク質の形状　24
タンパク質の構造　24

■ち■

チアミンピロリン酸　48
窒素化合物　73
チミン　75
チャンネル　8
中心管　68
中心小体　2
中枢神経毒性　72
中性　20
中性脂肪　83, 84, 91
中性脂肪消化　81
中葉　106
超遠心法　42
長鎖脂肪酸　83
超低比重リポタンパク質　42
腸内細菌叢　46
直鎖状　85
直接ビリルビン　132, 133
直流電流　27

チロキシン　74, 108
チロキシンT₄　107
チロシン　77

■て■

ディアベテスメリタス　64
低血糖　12
ディーゼル・エンジン　88
低比重リポタンパク質　42
デオキシリボース　10, 11
テストステロン　107
δ-アミノレブリン酸　75
電解質　98
電解質平衡　111
電気泳動　30, 31
電子　58
電子伝達系　58, 59
デンプン　14, 19, 53

■と■

糖　5, 6, 11, 24, 88
糖鎖　8
糖脂質　38
糖脂質糖鎖　8
糖質　10, 52
糖新生　62
透析療法　129
糖タンパク質　25
糖尿病　105
糖尿病診断基準　65
動脈硬化促進因子　92
ドーパ　77
トランスアミナーゼ　31, 71
トリアシルグリセロール　37, 38, 39, 81
トリグリセライド　39
トリプシノーゲン　67
トリプシン　66, 67
トリプトファン　22
トリヨードチロニン　108
トリヨードチロニンT₃　107
トルコ鞍　106
トレオニン　22
トロンボキサン　95
貪食　9

■な■

内因性　91
内部環境の恒常性維持　104
内分泌腺　105, 106
内膜　7
75g糖負荷試験　65

■に■

二価　75
2重結合　36
二糖類　14, 15
2分子　54, 55
2本鎖DNA　5
乳酸回路　62
乳糖　14
尿　123, 124, 127
尿細管　126
尿素　73
尿素回路　71, 73, 130
尿量の調節　107

■ぬ■

ヌクレオソーム　5

■ね■

ネフローゼ症候群　127
ネフロン　123, 128
粘液　68

■の■

脳　30, 40
脳下垂体前葉　118
能動輸送　53
ノルエピネフィリン　114

■は■

麦芽糖　14
橋本病　105
バセドウ病　105
白血球　95
バリン　22
パンクレオザイミン　115
反応生成物　28
反応速度　28

■ひ■

ヒスタミン　74
ヒスチジン　23
ヒストン　4, 5
ビタミン　44
ビタミンA　45
ビタミンD　41, 47
左鎖骨下静脈　68
ヒドロキシメチルグルタリルCoA　89
ヒドロキシル基　34, 35
日内変動　101
皮膚　47
ビューレット試薬　27
標的細胞　104

標的臓器　104
ピリドキサールリン酸　69, 78
ビリベルジン　134
ピリミジン塩基　7, 74
微量　28
ビリルビン　131
ビリルビン代謝　134
ピルビン酸　70, 74

■ふ
フィードバック調節　105
フェニルアラニン　22, 77
フェニルアラニン水酸化酵素　77
フェニル基　39
不感蒸泄　97
副甲状腺ホルモン　110
複合タンパク質　24, 25
副腎　111
副腎髄質　77
副腎皮質刺激ホルモン　110
副腎皮質ホルモン　41, 90, 110, 112, 113, 114
腹膜透析　129
不斉炭素原子　21
ブドウ糖　11, 13
不飽和脂酸　37
プリン塩基　7, 74
フルクトース　11, 53
プレβリポタンパク質　42
プロゲステロン　107
プロスタグランジン　94, 95
プロトロンビン　46, 47, 130
プロビタミンD　46
分泌顆粒　2
分泌調節経路　109, 112

■へ
壁細胞　68
ヘキソース　16
β位　85
β1→4結合　18
β酸化　85, 86, 87, 88
β-D-グルコピラノース　12
βヒドロキシン酪酸　86
βリポタンパク質　42
ヘテロ多糖　14
ペプシノーゲン　67, 68

ペプシン　66, 67, 68
ペプチド結合　24, 23
ヘミアセタール　16, 17
ヘミケタール　16, 17
ヘム　132
ヘモグロビン　25, 25, 76, 101
ベンゼン環　22

■ほ
補因子　29
芳香族アミノ酸　27
補欠分子族　29
母乳　46
ホモ多糖　14
ポルフィリン　75
ホルモン　104
ホルモン分泌部位　119
ホロ酵素　29
ポンプ　8

■ま
膜タンパク質　8
マトリクス　7, 86
マルターゼ　53
マルトース　52, 53
マルトトリオース　52
満月様顔貌　111

■み
ミオグロビン　101
ミオシン　25
水　96
ミセル　90, 130
ミトコンドリア　2, 7, 72
ミトコンドリアDNA　7

■む
無機元素　99

■め
メチオニン　22

■も
毛細血管　68
網膜桿体細胞　45
門脈　72

■ゆ
有機化合物　39
有機溶媒　36
有糸分裂　4
誘導タンパク質　25
有毒　70

■ら
ラクターゼ　53
ラクトース　53
らせん構造　5
卵胞　117

■り
リシン　23, 74
リソソーム　2, 9
立体異性体　21
リノール酸　36, 80
リノレン酸　36, 80
リボース　10, 11
リポタンパク質　25, 42, 43
リポタンパク質粒子　91
両性電解質　27
緑黄色野菜　45
リン酸　5, 6
リン脂質　40, 84, 94
リン脂質消化　82
臨床検査　32
リンパ管　68

■れ
レシチン　40
レニン　125, 126
レンズ核　101

■ろ
ロイコトリエン　95
ロイシン　22, 74
ロドプシン　45

著者紹介

中元伊知郎（なかもといちろう）

昭和31(1956)年　　広島県三原市に生まれる
昭和54(1979)年　　高知大学文理学部理学科化学専攻卒業
昭和60(1985)年　　大阪大学医療技術短期大学部衛生技術科卒業
　　　　　　　　　病院，検査センターに勤務
平成16(2004)年6月　医学博士（大阪大学）
　ISO9001審査員として，医療機関の認定審査を実施している．

【趣　　味】ベンチプレス
平成10(1998)年　世界ベンチプレス選手権大会（ドイツ）障害者の部67.5kg級で優勝
平成12(2000)年　シドニー・パラリンピックにパワーリフティング競技コーチとして参加

【資　　格】
臨床検査技師
労働衛生コンサルタント
作業環境測定士
ISO9001主任審査員　等

【著　　書】
自分で作る病態生理学ワークノート（メディカ出版）
自分で作る解剖生理学ワークノート（メディカ出版）
改訂4版 臨床栄養ディクショナリー（メディカ出版，分担執筆）

自分で作る
生化学ワークノート

2002年1月30日発行　第1版第1刷
2019年3月10日発行　第1版第12刷

著　者　中元 伊知郎
発行者　長谷川 素美
発行所　株式会社メディカ出版
　　　　〒532-8588
　　　　大阪市淀川区宮原3-4-30
　　　　ニッセイ新大阪ビル16F
　　　　https://www.medica.co.jp/
編集担当　井上敬康
編集協力　編集工房ふしみや
装　　幀　株式会社くとうてん
本文イラスト　アルタルボス
印刷・製本　株式会社廣済堂

© Ichiro NAKAMOTO, 2002

本書の複製権・翻訳権・翻案権・上映権・譲渡権・公衆送信権（送信可能化権を含む）は、（株）メディカ出版が保有します。

ISBN978-4-8404-0312-2　　　　Printed and bound in Japan

当社出版物に関する各種お問い合わせ先（受付時間：平日9：00〜17：00）
●編集内容については、編集局 06-6398-5048
●ご注文・不良品（乱丁・落丁）については、お客様センター 0120-276-591
●付属のCD-ROM、DVD、ダウンロードの動作不具合などについては、デジタル助っ人サービス 0120-276-592